2022 국가생존기술

초판 1쇄 인쇄 2022년 6월 8일
초판 1쇄 발행 2022년 6월 15일
—

지은이 국가생존기술연구회 25인의 연구자
펴낸이 이방원
편 집 송원빈 · 김명희 · 안효희 · 정조연 · 정우경 · 박은창
디자인 손경화 · 박혜옥 · 양혜진   **마케팅** 최성수 · 김 준 · 조성규
—

펴낸곳 세창미디어
　　　신고번호 제2013-000003호 **주소** 03736 서울시 서대문구 경기대로 58 경기빌딩 602호
　　　전화 02-723-8660 **팩스** 02-720-4579 **이메일** edit@sechangpub.co.kr **홈페이지** http://www.sechangpub.co.kr
　　　블로그 blog.naver.com/scpc1992 **페이스북** fb.me/Sechangofficial **인스타그램** @sechang_official
—

ISBN 978-89-5586-720-6 93400

2022
국가
생존
기술

───

국가생존기술연구회 25인의 연구자 지음

세창미디어
MEDIA

미래를 위한 준비

2014년 '국가생존기술연구회'로 시작하여 물, 에너지, 식량, 인구, 자원, 안보, 재난의 7가지를 '국가생존기술'이라 정의하고, 2016년 사단법인으로 설립된 후에 국가생존기술의 지식 확대를 위하여 『국가생존기술』도서를 출간하고 있다. 2017년 첫 번째로 발간한 『국가생존기술』에서는 국가생존기술의 의의와 과학기술혁신의 방향을 제시하고 국민의 안전, 번영 그리고 자긍심을 높이는 생존기술을 소개하였다. 두 번째로 발간한 『2019 국가생존기술』에서는 물, 불, 공기, 흙과 관련된 우리나라 생존기술의 위기와 대책을 소개하였다. 이번에 발간하는 세 번째 책은 기획 단계부터 읽기 쉽도록 교과서 형태로 집필하여 우리 젊은 세대가 현재 상황을 이해하고 미래를 준비하는 데 도움을 주고자 하였다.

급격한 지구 환경 변화에 대응하며 지속가능한 사회로의 전환을 위해서는 미래를 위한 변화와 행동이 필요하다. 빈곤 퇴치, 금융 위기, 경제 발전, 정치적 안정, 환경 오염, 식량, 물 및 에너지 안보, 건강, 웰빙, 기후변화, 해양 산성화, 생물다양성 상실 등 모든 국가들이 처한 위험과 도전들은 상호 연계되어 있다. 예로 기후변화를 해결하지 않으면 식량 안보 문제도 해결할 수 없으며, 식량 안보 문제를 해결하지 않으면 물 안보도 해결할 수 없다. 이러한 상호 연계성을 이해하는 것은 도전과제들을 해결하고 웰빙을 증진시키는 데 중요하다. 전 지구적, 지역적, 국가적 수준에서 물의 변화 상황에 관한 통합된 평가와 관리가 필요하며 기후변화 상황에서 빈곤 퇴치를 위한 식량 안보도 달성되어야 한다. 에너지, 기후, 자원 고갈 문제에 대처할 회복력 있는 공동체를 이루어야 하며 디지털 시대와 소셜 네트워크는 재해와 재난을 대비하는 지구 관리를 위한 기회로 활용되어야 한다. 인간의 건강과 웰빙을 위하여 도시의 효율성에도 중점을 두어야 하며 생태계도 보전되어야 한다. 미래는 현재에서 어떻게 결실을 맺고 확실한 진전을 위한 해결책은 무엇이며 또한 복잡한 사회체계에 적응하기 위한 제도와 거버넌스는 어떤 것인가 묻는 도전과제에 대한 탐구가 요구되고 있다.

제1부 국가생존과 미래에서는 도입부로서 국가생존기술에 대한 간략한 소개와 함께 국제적 거버넌스로 가장 영향력이 큰 기후변화와 지속가능 발전을 살펴본다. 국가생존기술이 기후변화와 지속가능 발전을 어떻게 바라보아야 하고 저탄소 경제와 지속가능 사회를 위해 무엇을 어떻게 실천해야 하는지 방향 설정에 도움이 될 것이다.

제2부와 3부 및 4부는 7가지 국가생존기술의 현황과 미래를 제시하였다. 제2부 물-식량-에너지의 넥서스(연결)에서는 생존의 기본이 되는 물과 식량 그리고 에너지 확보 문제를 다루고 있다. 모두에게 제공되어야 할 이 세 가지는 인구 증가와 경제 성장 그리고 지구 환경 변화와 연계되어 있으며 상호 간의 시너지와 절충에 대한 전 세계적인 관리도 필요하다.

제3부는 인구와 자원 분야로 국가 경제의 근간을 구성하는 자본의 구

성요소 중 인간 자본과 자연 자본을 다루고 있다. 저출생 사회와 고령화 사회가 된 우리나라의 인구 문제와 자연 자본인 광물 및 화석연료, 살아 있는 생물권의 중요성을 언급하였다. 환경 리스크를 줄이면서 인간 웰빙 및 사회 평등도를 증진시키는 친환경 경제의 진보 정도를 측정하는 것은 웰빙을 측정하는 것과 같다. 생물다양성과 생태계 서비스의 가치 평가와 관리는 인간의 웰빙을 증진하는 포괄적 부의 토대가 된다.

제4부에서는 안전한 미래 사회를 위한 3S인 보안(Security), 안전(Safety), 안정화(Stability)를 다루고 있다. 정보화 시대에서 보안의 문제와 국민의 건강과 안전한 삶을 위협하는 재난에 대한 예방과 대응 방안을 제시하고 있다. 재난 위험 감소를 위한 위험 평가와 재난 관리는 안전한 세상을 위한 필수 요소이다. 소득 불평등의 개선과 주관적 웰빙은 강한 상관관계가 있다. 사회의 안정화를 위해서는 평등한 사회관계를 위한 양성 평등과 인권 보장뿐만 아니라 격차 감소를 위한 프로그램도 포함되어야 한다.

제5부에서 다루는 지속가능 미래를 위한 과학과 사회는 친환경 경제로의 이전과 지속가능 발전을 위한 제도적 프레임워크의 변화를 필요로 한다. 커뮤니케이션 인프라는 삶과 번영의 중요 요소로 대중의 접근성과 참여를 높이기 위한 책임과 권한이 확대되어야 한다. 사회 시스템은 점점 더 상호 연계성이 높아지는 반면에 우리의 거버넌스 시스템은 종종 독립적으로 작동하며 대응이 늦다. 우리의 도전과제의 정립과 이행을 위하여 이해관계자의 직접적인 참여와 합의가 요구되며 또한 도전과제의 상호 연계성을 다룰 수 있는 지배구조의 변화가 필요하다.

근 몇 년 사이에 시행된 팬데믹 현상과 기후변화 대응은 과학의 중요성을 보여 주었으며 이에 따라 과학 커뮤니티의 역할이 점점 더 커지고 있다. 우리가 직면한 많은 문제에 대해 학제 간 연구와 더불어 여러 분야의 렌즈를 통해 처음부터 틀을 같이 잡는다면 정책 입안자와 시민이 함께 진정한 진전을 이룰 수 있는 시스템이 구비될 것이다. 서로 다른 분야와 경험에서 나온 다양한 유형의 지식과 활동을 결합하는 네트워크를 통하여 우리의 젊은 세대가 다양한 이해당사자들의 지식과 행동의 공동 생산을 토대로 국가생존과 지속가능한 미래에 대한 경로를 공동으로 대비하기를 기대한다.

이홍금(국가생존기술연구회 회장)

COVID-19 팬데믹을 겪고 우크라이나 전쟁을 지켜보며, 우리는 세계가 4차 산업혁명의 와중에 탈세계화와 국가주의로 단절되고 양극화되는 상황을 아프게 목도하고 있다. VUCA로 표현되는 변동성(Volatility), 불확실성(Uncertainty), 복잡성(Complexity)과 모호성(Ambiguity)의 시대는 미래가 아니고 엄연한 현재가 되었다. 이 책에서 다루고 있는 국가생존기술은 국제적 협력이 중요한 영역이지만, 동시에 다른 나라의 호의에 기대기보다 우리가 앞장서서 해결해야 한다는 각성도 더 현실적으로 다가온다. 과학기술이 뒷받침되는 국가생존기술의 확보가 왜 필요하고, 우리가 어떤 방식으로 국가와 인류의 생존을 준비해야 하는지 혜안을 얻는 데 이 책이 많은 기여를 할 것이라 믿는다.

— 노정혜(서울대학교 생명과학부 교수)

○●○

우리가 사는 지구가 영원히 우리 인간을 품어 주며 살 수 있게 해 줄 것이라 생각하기 쉽다. 그러나 지구도 유한한 자원이고 포용력에 한계를 보이는 날이 올 것이다. 나는 이 책의 목차를 보자마자 읽고 싶은 충동에 빠졌다. 우리 인간이 생존하기 위한 필수 요소인 물, 에너지, 식량, 인구보건, 자원, 국방안보, 재난 등에 대하여 논의하고 더 나아가 국가과학기술정책의 청사진을 제시하고 있다. 일독을 권하고 싶다.

— 이광형(KAIST)

물, 에너지, 식량, 인구, 자원, 안보, 재난. 우리가 매일 관련 뉴스를 접하게 되는 단어들이다. 국가생존기술연구회에서는 이들 7가지 걱정거리의 현황을 파악하고 안전한 미래 사회를 위한 방향을 제시해 주는, '국가생존기술'이라는 시의적절하고, 내용도 충실하며, 읽기 쉬운, 정성이 담긴 책을 출판하였다. COVID-19 팬데믹 상황을 겪은 모두가 이제는 과학기술이 얼마나 중요한지 그리고 과학기술 거버넌스가 얼마나 중요한지 동시에 알게 된 것은 불행 중 다행이라고 할 수 있다. 이제 시작하는 새로운 정부에서는 이러한 국민들을 둘러싼 환경과 특별한 상황들을 잘 분석해서, 생존을 넘어 번영에 이를 수 있는 국가정책을 만들어 추진해 주기를 바란다.

— 유욱준(한국과학기술한림원 원장)

○ ● ○

2022년은 경제개발 60주년이 되는 해이다. 1962년 100달러에도 못 미치던 1인당 국민소득은 두 세대 만에 3만 달러를 넘었다. 국가 GDP 순위도 세계 80위권에서 10위권으로 뛰어올랐다. 과학기술이 이 같은 발전의 일등공신임은 누구나 공감할 것이다. 과학기술은 과거 경제발전의 동력에서 이제 국가 생존의 필수 요소가 됐다. 안보와 환경, 보건 등 사회 모든 분야가 과학에 의해 좌우된다. 앞으로 100년 한국의 미래와 인류의 지속가능성을 찾기 위해, 모든 것이 멈춘 COVID-19 팬데믹 시기에도 지혜를 맞댄 연구진의 헌신에 감사와 경의를 올린다.

— 이석봉((주)대덕넷 대표)

제 1 부

국가생존과 미래

대표집필   이 홍 금((전) 한국해양과학기술원 부설 극지연구소)

집필위원   남 재 철(서울대학교)
오 동 훈(산업통상자원부 R&D 전략기획단)
이 일 수((전) 기상청)
이 홍 금((전) 한국해양과학기술원 부설 극지연구소)

우리가 접하고 있는 사회, 경제, 환경을 아우르는 여러 가지 문제를 해결하기 위한 과학기술로서 국가생존기술은 국민의 안녕과 국가 존속을 위한 기본기술로 물, 식량, 에너지, 식량, 자원, 안보, 인구, 재난의 7개 핵심 키워드로 정의할 수 있다.

기후변화는 우리의 삶에 가장 큰 영향을 미치고 있으며 전 세계적으로는 파리 기후협약에 동참하여 기후변화에 대응하고 있다. 우리나라도 온실가스 배출 감소로 2050 탄소중립에 대한 목표를 세웠으며 기후위기 적응 대책을 통해 새로운 사업 분야를 창출하고 국가경쟁력을 향상함으로써 국가생존 체계를 마련하고자 하고 있다. 또한 국제사회는 2030 지속가능발전 어젠다를 채택하여 현세대와 미래 세대 모두가 행복한 세상을 이루기 위해 각 국가별 상황에 맞는 충실한 이행과 지구촌 이웃으로서의 적극적 동참을 요구하고 있다.

국제적 거버넌스인 기후변화와 지속가능발전 목표는 국가생존기술의 방향을 알려 주는 나침판의 역할을 하고 있다.

1장

7대 국가생존기술이란 무엇인가

오동훈

(산업통상자원부 R&D 전략기획단)

Sophie Taeuber-Arp, ⟨Rising, Falling, Clinging, Flying⟩, 1934

1. 국민의 안녕과 국가의 존속을 위한 기본 기술

절대왕정을 상징하는 프랑스 국왕 루이 14세는 "짐이 곧 국가다"라고 말했다고 한다. 민주국가를 표방하는 우리 헌법은 "국민이 곧 국가"라고 규정하여 국가 권력의 원천은 국민임을 표방하고 있다. 국민으로부터 공권력 집행과 국가 자원 사용을 위임받은 정부의 가장 기본적인 임무는 바로 국민의 생명과 재산을 보호하는 일이다. 나아가 기업의 성장과 일자리 마련을 돕고, 국민 개개인의 행복추구권을 보장해야 한다. 이것이 바로 국가생존기술에 대한 연구가 필요한 근본적 이유다.

'국가생존기술'은 무엇인가? 이는 '국민의 안녕과 국가 존속을 위한 기본 기술'로 정의할 수 있다. 단순히 국가의 생존을 넘어 지속가능한 발전과 국민의 안전과 행복에 가장 뼈대가 되는 기술이 바로 국가생존기술인 것이다.

그렇다면 국민의 집합체로서 국가가 존속하기 위해 가장 중요한 가치는 무엇일까. 첫째, 국민의 안전과 건강으로 표상되는 안녕(well-being)이다. 둘째, 건강과 행복의 물질적 토대를 제공할 경제적 번영(prosperity)이다. 셋째, 외부의 적으로부터 국가 안위를 지킬 수 있는 군사적 위력(power)이다. 넷째, 국가를 구성하는 국민으로서의 자긍심(pride)이다. 결국 국가생존기술은 국가와 국민의 안녕, 경제적 번영, 국가 안위, 국민으로서의 자긍심을 고취할 수 있는 기술이다.

국가생존을 위한 4가지 가치를 지켜내기 위해 과학기술 영역에서 국가가 중점적으로 다뤄야 할 것은 무엇일까. 인공지능(AI), 드론, 사물인터넷(IoT) 같은 이른바 4차 산업혁명에서 회자되는 첨단기술이나 반도체, 자동차, 석유화학 등 우리나라의 주력 산업과 관련된 기술일 수도 있다. 아니면 우주의 비밀이나 생명의 신비 혹은 우리의 뇌를 이해하는 기초과학일 수도 있다.

지구적 문제와 우리나라 상황에 비춰 볼 때 국가생존기술의 핵심적인 분야는 물, 에너지, 자원, 인구, 안보, 재난, 식량의 7개 키워드로 정리할 수 있다. 이것은 모든 국민의 공통 문제이자 문제해결을 위한 공동의 노력이 요구되는 분야인 동시에 가장 근본적인 생존의 문제와 직결되기 때문이다.

2. 국가생존에 필요한 키워드 7

1) 물(Water)

깨끗한 물을 확보하는 문제는 지구 온난화와 함께 가장 중요한 글로벌 이슈다. 인간의 의식주 변화와 산업의 가속화로 더 많은 물이 필요하게 됐고 그에 따라 물은 지속적으로 오염돼 왔다. 예를 들어 사과 1개를 키우는 데 약 70ℓ, 쇠고기 150g을 얻는 데 약 2천ℓ의 물이 필요하다. 만약 지속적으로 신선한 물이 공급되지 않으면 2050년 무렵 인간은 초식동물이 돼야 할지도 모른다. 매년 약 15억~18억㎥의 신선한 물이 화석연료에 의해 오염되고 있다. 산업 부문에서는 매년 300~400Mt(메가톤) 규모의 오염물질을 배출한다. 농업에서 비료로 쓰는 질산염은 전 세계 지하 대수층(帶水層: 물을 보유하고 있는 지층)을 오염시키는 가장 흔한 물질이다.

그간의 인프라 투자 덕에 물이 부족하지 않은 것으로 착각하기 쉽지만 우리나라는 물이 부족한 국가다. 우리나라 연평균 강수량은 1978~2007년 기준 1277.4mm로, 세계 평균 807mm의 약 1.6배이나, 1인당 연 강수 총량은 2629mm로 세계 평균 1만 6427mm의 약 6분의 1에 불과하다. 또한 지역 및 유역별 편차가 심하고 우기가 여름과 가을에 편중돼 이 시기를 전후하여 댐에 물을 저장하지 못하면 갈수기(渴水期)인 겨울과 봄에는 물 공급에 곤란을 겪는다. 강물은 해마다 녹조 현상으로 몸살을 앓고 있고 연안 바닷물의 오염도 점차 심각해지고 있다. 따라서 중장기적으로 물을 다스려 재해를 예방하고, 깨끗한 물을 공급해 국민이 안전하게 이용할 수 있게 하는 기술 확보가 무엇보다 중요하다.

2) 에너지(Energy)

물 다음으로 국가생존을 위해 절실한 것이 에너지다. 탄소 넷제로(Net Zero)가 상징하듯이 지구온난화 문제와 불가분의 관계에 있기도 하다. 우리나라는 에너지의 대부분을 수입에 의존하고 있기 때문에 국제적 가격 변동이나 수급 변화에 취약하다. 문제는 개발도상국 경제가 점차 발전함에 따라 에너지 확보를 위한 국가 간 경쟁이 심화될 수밖에 없다는 데 있다. 국제에너지기구(IEA)에 따르면 세계 에너지 소비량은 2035년 약 50%가 증가할 전망이다. 중국, 인도, 브라질 등 신흥성장국의 에너지 소비량은 40년 뒤 두 배 늘어날 것으로 분석된다.

화석연료 수입 의존도가 큰 우리나라의 특성을 고려할 때 수입처 다변화 및 화석연료 의존도를 낮추기 위한 기술 개발의 필요성이 크게 대두되는 이유다. 또한 셰일가스(탄화수소가 풍부한 셰일층에서 생산하는 천연가스), 타이트오일(셰일가스가 매장된 퇴적암층에서 시추하는 원유) 등 비전통 에너지원 개발이 에너지 시장의 판도를 바꿀 것으로 전망되는 가운데, 2035년까지 가스 생산량 증가의 48%를 비전통가스가 차지할 것으로 예상된다. 이에 따라 천연가스 시장 주도권이 전통가스 수출 주도국(중동, 러시아)에서 셰일 가스 보유국(미국, 중국, 유럽 등)으로 이동할 것으로 보인다. 우리나라는 석유뿐 아니라 셰일가스 같은 비전통 화석연료도 없기 때문에 결국 수입에 의존할 수밖에 없다. 만약 화석연료 수입이 어렵거나 불가능해진다면 어떻게 해야 할까. 기존 에너지의 효율성을 높이고 신재생에너지 관련 기술을 개발하는 것 외에는 장기적 측면에서 대안이 없다.

해마다 여름이면 블랙아웃(대규모 정전 사태)에 처하는 전력의 경우 산업체 수요 관리, 절약 문화 확산, 개별 시설의 발전기 가동 등을 통해 수급 위기를 극복하고 있으나 더 근본적인 대책이 요구된다. 게다가 2011년 후쿠시마 원자력발전소 사고 이후 원전 안전에 대한 국민적 우려가 커지면서 신규 원전 건설 사업이 유보되고 탈원전이 가장 큰 정치적 이슈가 되었다. 경남 밀양 사태에서 보듯 초고압 송전탑 건설에 대한 지역 주민들의 반발이 커지면서 중앙집중식 전력 시스템도 한계에 봉착했다. 결국 에너지 생존권 확보와 온실가스 감축이라는 글로벌 어젠다를 해결하려면 장기적 관점에서 에너지 효율성 제고와 신재생에너지원에 대한 꾸준한 투자 외에는 대안이 없다.

3) 자원(Natural Resources)

매장량이 한정된 천연자원의 특성상 부가가치가 높은 천연자원을 확보하려는 '자원전쟁'이 전 세계적으로 펼쳐지고 있다. 미국, 유럽연합(EU)은 정치·경제적 영향력 확대 및 메이저 기업을 통해 공격적인 투자를 지속적으로 추진하고 있으며, 일본은 공적개발원조(ODA) 등을 통해 자원보유국과 경제협력을 확대하는 전략을 취하고 있다. 인도는 자원부국의 정상급 인사를 초청하고 국영기업에서 광구 및 기업 인수를 활발히 추진하고 있다.

자원보유국의 불확실성 증대로 자원 확보의 시급성도 점차 높아지고 있다. 글로벌 경기침체로 축소 경향을 보였던 자원 민족주의가 최근 러시아, 남미 등을 중심으로 다시 부각되면서 자원보유국의 불확실성이 커지고 자원 확보의 안정성이 저하되고 있는 것이다. 중동, 아프리카 등 주요 자원보유국은 지정학적으로, 국내 정치적으로 매우 불안정한 상황이다.

희토류 생산량 1위 국가인 중국은 2010년 하반기 수출 물량 감축을 선언해 희토류 가격이 7배가량 오르기도 했다. 희토류는 반도체, 태양광전지, 액정 표시 장치(LCD) 등의 생산에 필요한 원재료로 '줄기금속'이라고도 불린다. 따라서 중국이 희토류를 전략적으로 비축할 경우, '희토류의 무기화'라는 위험한 상황이 발생할 수 있다. 2014년 미국, 일본, EU가 세계무역기구(WTO)에 제소해 승리함으로써 중국의 희토류 사태는 안정을 찾았으나 향후 희토류를 포함해 다양한 자원을 무기화하는 현상이 언제든지 발생할 수 있음을 보여 주었다. 심지어 전통적 화석자원으로 탄소 배출이 큰 석탄의 경우에도 2021년 요소수 대란에서 볼 수 있듯이 언제든 자원무기화가 될 수 있는 상황이다. 생물자원도 간과할 수 없는 중요한 자원이다. 생물자원은 미래지구를 위한 생물다양성을 위해서도 관리하고 보존해야 할 대상이다. 게다가 생물자원은 새로운 종류의 질병 예방과 신약 개발을 통한 질병 퇴치를 위해서도 중요한 자원이다. 따라서 이러한 자원전쟁에 효과적으로 대응하려면 해외 자원 탐사 기술, 망간 같은 희귀 금속의 심해저 채굴 기술, 인공합성 기술, 생물자원을 이용한 유전자 치료나 새로운 바이오의약 기술 등 다양한 자원 기술에 국가가 장기적으로 투자할 필요가 있다.

4) 안보(Security)

전 세계가 각종 테러로 몸살을 앓고 있다. 이슬람 극단주의 무장단체 이슬람국가(IS)는 물론, 여성을 극단적으로 억압하는 탈레반 등은 종교 수호라는 명분 아래 각종 테러나 국민에 대한 폭압적 탄압을 통해 세계 인들의 안전을 위협하고 있다. 우리나라는 세계적 테러리즘의 위협뿐 아니라 북한의 핵 및 사이버 공격이라는 안보 위협에도 시달리고 있어 더 적극적으로 대응해야 하는 절박한 상황이다. 북한은 핵탄두 소형화를 위한 핵실험을 지속적으로 강행하고 있고, 대륙간탄도미사일(ICBM), 잠수함발사탄도미사일(SLBM)등 다양한 핵탄두 운반수단을 개발하는 데 성공했다는 우울한 뉴스가 들려오기도 한다. 한국의 자주국방 의지를 꺾고 미국과 일본의 한반도 전시 개입 저지를 위한 수단으로 핵미사일 개발에 몰두하고 있는 것이다.

사이버 안보도 중요하다. 우리의 일상생활은 인터넷망에 연결돼 있고 전자 제어 방식으로 움직이고 있다. 실제로 2013년 디도스(DDos) 공격, 금융 전산망 공격 등 북한은 사이버 공격을 지속적으로 자행해 왔다. 그뿐 아니라 핵무기 폭발 시 발생하는 엄청난 위력의 전자기파를 활용한 EMP탄을 통해 우리나라 전산망을 무력화하는 능력도 갖춘 것으로 추정된다. 러시아, 중국 등도 우리 정보나 시설에 대한 사이버 공격을 감행함으로써 안보를 위협할 수 있다. 이와 같은 다양한 위협에 대응하려면 무기 개발, 우리 병력의 방호력 증강, 사이버 공격을 막아 내거나 적국에 사이버 공격을 가할 수 있는 기술 개발 등 다양한 형태의 안보 기술을 확보해야 한다.

5) 인구(Population)

현재 대한민국이 처한 가장 본질적이고도 심각한 문제는 다름 아닌 저출생·고령화다. 저출생은 기술 문제라기보다 사회 제도와 양육환경, 인식의 변화가 더 중요한 문제다. 반면 고령화는 제도 문제인 동시에 기술 문제이기도 하다. 고령화는 인류가 지금껏 경험하지 못한 매우 심각한 문제를 안겨 주고 있다. 인간은 도대체 언제까지 일을 해야 하는가? 사회적 삶이 크게 바뀌는 은퇴 후 수십 년 동안 어떻게 노후 소득을 유지할 것인가? 생명체로서 신체·정신적 건강을 어떻게 유지할 것인가? 이러한 것들은 생물학적, 사회적, 경제적 존재로서의 인간이 피할 수 없는 문제인 것이다. 주요국은 고령 인구가 처한 사회·경제적 문제를 다양한 정책을 통해 해결하고 있다. 호주는 퇴직연금 급여에 대한 세금 면제, 고령자 재고용을 위한 전략 수립 등을 추진하고 있다. 또 65세 이상 인구의 87%에 일반 의사 방문 시 본인 부담이 없는 의료서비스와 장기요양서비스를 제공하고 있다. 스웨덴은 보증연금, 소득비례연금, 수익연금 등의 재정 정책을 통해 고령자에게 의료 관련 보호서비스를 제공함으로써 신체·

정신적 삶의 질 향상을 도모하고 있다.

우리나라도 고령화의 가속화에 대응하고자 다양한 정책을 추진하고 예산 편성도 늘리는 추세다. 예를 들어 안정된 노후소득 보장을 위해 국민연금, 퇴직연금, 개인연금 등으로 이뤄진 다층적 노후소득 보장 체계, 소득 보장 사각지대 해소, 자산시장 대응기반 마련 등을 추진하고 있다.

그럼에도 불구하고 우리나라는 경제협력개발기구(OECD) 회원국 중 노인빈곤 문제가 가장 심각하고 노인 자살률도 높다. 게다가 생애 마지막 10년은 일생 전체 의료비의 절반을 사용할 만큼 건강 상태도 심각하다. 즉 은퇴 후 노인들이 무료하지 않게 시간을 보낼 수 있는 여가활동, 병수발이나 말동무가 돼 줄 수 있는 비서 로봇, 치매 극복을 위한 뇌 연구, 허약한 신체를 강화시켜 줄 수 있는 보조도구 등 다양한 형태의 고령화 대비 기술, 소위 제론테크놀로지(gerontechnology)가 필요하다. 고령화로 인해 신체·정신적으로 허약해진 상태에서 일생의 30% 이상의 시간을 보내야 하는 시대가 왔기 때문이다.

선진국 대열에 들어섰다고는 하나 우리나라는 지금까지 축적된 사회적 부와 기반 시설이 부족하고 은퇴세대에 대한 사회보장제도도 미비하다. 이 때문에 고령 사회 진입은 가장 심각한 국가적 문제가 될 것이며, 그만큼 고령화에 대응하는 생존기술의 개발이 시급하고 절실하다. 산업적 측면에서 볼 때도 제론테크놀로지를 활용한 새로운 실버산업은 경제성장의 돌파구가 절실한 우리 경제에도 새로운 블루오션을 가져다줄 수 있는 것이다.

6) 재난(Disaster)

재난과 재해에 대비할 수 있는 기술력 확보도 국가생존기술의 중요한 분야이다. 특히 기후변화 등으로 인해 자연재해의 불확실성이 증가하면서 엄청난 인명 및 경제적 피해를 가져온다는 점에서 장기적, 체계적 대응을 해야 한다. 화산이나 지진 등 대형 자연재난은 물론 인수공통전염병과 같은 다양한 형태의 예기치 못한 각종 재난으로 인해 전 세계는 몸살을 앓고 있다. 최근에 우리가 겪고 있는 COVID-19와 같은 감염병은 우리는 물론 세계 경제와 글로벌 공급망에도 재앙적 타격을 안겨 주었다. 실제로 2013년 재해보험 손해액을 살펴보면 유럽, 중동, 아프리카는 약 20%, 아시아, 오세아니아는 약 14% 증가했다.

우리나라도 예외는 아니다. 경주 지진이나 쓰나미, 화산, 대형 산불 같은 자연재난은 물론 세월호 참사 같은 인재(人災)가 계속되고 있다. 특히 현대인의 삶이 대부분 대형화된 복합구조물에서 이루어지고 있기 때문에 국민 안전을 위해 거대 인공구조물의 사고 예측과 예방, 복구와 생존자 구조 등이 매우 중요한 이슈다.

하지만 이러한 각종 재난이나 돌발상황(X-event)에 대한 우리나라의 대처능력은 주요 선진국에 비해 매우 부족하다. 게다가 시장실패가 일어날 수밖에 없는 영역이어서 관련 기업들의 대처능력이나 기술도 매우 부족한 형편이다. 이 때문에 대응과 복구는 물론 예측 능력도 허약하다. 재난안전기술에 대한 국가 차원의 명확한 기술로드맵도 없다. 따라서 재난안전과 관련한 분야의 기술 확보를 위해 정부는 더욱 체계적이고 장기적으로 자원투입을 해야 한다. 국민의 생명과 안전을 지키는 일은 국가의 가장 기본적인 임무이기 때문이다.

7) 식량(Food)

많은 현대인이 영양과잉으로 오히려 다이어트에 신경 써야 할 시기에 무슨 식량 문제인가라고 반문할 수도 있겠지만 식량도 국가가 소홀히 해서는 안 되는 분야다. 지금 세계 여러 나라는 식량 부족으로 신음하고 있다. 세계 영양결핍 인구는 1995~1997년 8억 명에서 2010년 9월 기준 9억 2500만 명으로 증가했다. 당장 이 문제를 해결한다 해도, 인류는 2050년이면 90억 명까지 늘어날 세계 인구에 안정적으로 식량을 공급해야 하는 장기적 도전과제에 직면해 있다.

특히 세계적 이상 기후로 곡물 생산량이 감소하고 있는 반면, 바이오에너지 생산을 위해 곡물 수요는 오히려 늘어나고 있다. 중국, 인도 등 신흥경제국이 성장하면서 식량과 사료 수요의 증가로 수급 불균형이 빈번하게 발생하고 있다.

우리나라는 주요 곡물의 해외 의존도가 매우 높다. 사료용을 포함한 국내 곡물 자급률은 2019년 기준 21.7%에 불과하며 주요 곡물인 옥수수, 밀의 자급률은 각각 3.3%, 1.2%로 사실상 국내 자급 기반을 상실한 상태다. 콩 역시 자급률이 25.4%로 일부 식용을 제외하면 거의 수입에 의존하고 있다.

따라서 세계 곡물 시장의 불안정 속에서 곡물의 국내 생산과 공급을 확대하기 위한 정책·기술적 대응이 필요하다. 예를 들어 식량 자급률 등 국내 식량 안보 요소에 대응하려면 '개방화 대응 및 수출 확대', '농업 재해 대응력 강화', '국제적 농업 협력 및 해외 농업 개발 확대' 등의 정책이 필요하다. 또한 유전자 변형 식품(GMO), 구제역, 조류인플루엔자(AI) 예방과 치료 분야에서 새로운 돌파구를 마련하지 않으면 안 된다.

8) 문제 해결을 위한 정부 차원의 통합적 접근의 필요성

국가생존기술 분야로 제시한 7개의 키워드는 서로 관련성이 깊으며 대부분 복합적인 성격을 띠고 있다. 예를 들어 사이버 테러에 따른 대형 구조물 오작동이나 화재 발생은 재난이자 안보 문제이기도 하다. 수자원 부족 위기는 에너지 및 식량위기와 연결된다. 수자원 관리의 미숙으로 홍수, 가뭄 등의 재해가 발생할 수 있다.

따라서 이러한 문제를 해결하려면 범정부 차원에서 통합적 접근이 필요하며 동시에 제도 개혁과 기술 개발을 동시에 추구하는 정책 혼합(policy mix)이 강력하게 요구된다. 국가생존과 국민의 안녕을 위한 총체적 노력은 우리 정부가 담당해야 할 으뜸 책무인 것이다.

2장

기후위기 대응

남재철(서울대학교)

이일수((전) 기상청)

Johannes Christiaan Schotel, ⟨Turbulent water⟩, 1833

기후변화가 세상의 관심사다. 2019년에 영국의 『더 가디언(*The Guardian*)』지는 기후변화(climate change)라는 말 대신 '기후비상사태(climate emergency)'나 기후위기(crisis), '기후붕괴(breakdown)' 등으로 용어를 바꾸기로 했다. 그 이유로 "과학적으로 정확하면서도 동시에 이 매우 중요한 문제에 대해 독자들과 분명하게 소통할 수 있도록" 하기 위해서라고 설명했다. 우리는 기후위기 시대에 살고 있다.

그러면 기후변화가 왜 중요할까? 몇 가지를 살펴보면, 첫째, 기후변화는 인권 문제이기 때문이다. 기후의 심각한 변화가 가져온 인권 문제와 관련한 대표적인 사례로는 2010년부터 2011년에 걸쳐 튀니지에서 일어난 재스민 혁명(Jasmine Revolution)을 들 수 있다. 전 지구적으로 가뭄이 닥치면서 세계의 밀 생산량이 급격히 줄어서 국제 밀 가격이 폭등한 것이 가장 근본적인 원인이었다. 그 외에도 지금도 계속되는 시리아 난민 문제는 기후난민으로 규정지어야 하는 사례이기도 하다. 이러한 문제들은 인간의 기본 권리인 생존과 관련되는 인권의 문제이다.

기후변화

장기간 지속하면서 기후의 평균 상태나 그 변동 속에서 통계적으로 의미 있는 변동을 일컫는 말이 기후변화이다.

기후위기

기후변화는 인류의 생존에 위협이 되는 재난을 유발하므로 기후변화의 심각성을 전달하기 위해 최근 기후위기라는 용어를 사용한다.

기후

어떤 지역에서 평균적인 날씨. 일반적으로 30년 평균한 날씨를 기후라고 한다.

재스민 혁명

2010년에서 2011년까지 튀니지에서 일어난 혁명을 튀니지의 국화에 빗대어 재스민 혁명이라 부른다. 이 혁명의 근본 원인은 기후변화에 따른 세계적 가뭄으로 인한 식량 가격의 폭등이었다.

둘째, 기후는 경제적인 문제에 직결되기 때문이다. 기후 경제학 이론으로 2018년 노벨경제학상을 받은 윌리엄 노드하우스(Willam D. Nordhaus) 예일대 교수는 급작스레 기후 균형이 깨지는 티핑포인트(tipping point)가 문제이면서 기온이 5℃ 정도 오르거나 내리면 기후의 레짐(체제)이 바뀐다고 주장하면서 "인류 운명을 놓고 룰렛게임 같은 도박은 하지 말아야 한다"고 강조하고 있다. 지금의 현실은 탄소제로를 선언하면서 이산화탄소가 많이 배출되는 산업과 생산품에 대한 탄소국경세 부과를 검토하고 있다. 새로운 무역장벽의 시대에 어떻게 적응하느냐 하는 문제는 국가 경제에 큰 영향을 미칠 수 있다.

그 외에도 남태평양 지역 섬나라들의 국가 존폐위기, 생물다양성의 절대적 파멸로 인한 대멸종 시기의 도래, 세계 문화유산의 파괴, 해수면 상승으로 인해 사라질지도 모르는 주거공간과 농경지의 절대적 감소 등 이루 말할 수 없는 영향들이 우리의 바로 주변에 와 있다.

1. 기후위기 현황

1) 인류세(Anthropocene)

지구는 약 45억 년 전에 태양계의 행성으로 탄생하였으며, 지구 내부가 핵, 맨틀, 지각으로 나누어지면서 해

티핑포인트

갑자기 뒤집히는 점, 또는 수면 아래 있던 결과가 수면 위로 튀어 오르는 포인트. 어떠한 현상이 서서히 진행되다가 작은 요인으로 한순간 폭발하는 것을 말한다. 임계점이라고 할 수 있다.

양과 원시 대기가 형성되었다. 원시 대기와 바다의 상호작용으로 약 38억 년 전에 지구상에 생명체가 출현하였다. 초기 생명체는 단세포의 원핵생물이지만 그 후 진핵생물 또는 다세포 생물로 진화하면서 광합성을 통한 산소가 형성되어 지구상에서 생명체를 보호하는 오존층이 형성되었다.

생명체가 출현한 후부터는 지구의 지질 시대를 생명체의 발달 단계에 따라서 고생대(5.42억 년~2.51억 년), 중생대(2.51억 년~6600만 년) 그리고 신생대(6600만 년~현재)로 세분화하여 구분하였다. 고생대 동안에는 생명체가 육지에서 생존하게 되었고, 첫 식물과 동물이 출현하였다. 생명체들은 대체로 천천히 진화하였으나 갑작스러운 화산 폭발이나 운석 충돌 같은 자연재해로 다섯 차례의 대멸종이 있었다. 중생대의 시작은 페름기의 마지막 대멸종으로 지구상의 95% 이상의 생물이 멸절한 이후에 시작되었다. 중생대에는 지구상에 나무와 식물이 무성하고 파충류를 대표하는 공룡이 군림하는 시대였다. 6600만 년 전에 멕시코의 유카탄반도에 거대 운석이 충돌했고 대량의 먼지와 수증기가 대기에 부유하면서 태양광을 차단했다. 그래서 중생대 최고 포식자인 파충류의 공룡이 멸절하고 척추동물인 포유류의 신생대가 시작되었다.

신생대는 6600만 년 전부터 현재까지로 제3기와 제4기로 나눈다. 우리 인류의 직접적인 조상인 포유류가 빠르게 진화하여 약 600만 년 전에 아프리카 대륙에서 침팬지와 고릴라로부터 유인원인 인류가 진화하였다. 현재 호모사피엔스인 우리 인류의 조상은 약 20만 년 전에 탄생하여 마지막 빙하기가 지나고 약 1만 년 전부터 지구 기후가 안정되면서 농경 생활을 시작으로 문명이 발달하여 지질 시대에서 역사 시대로 전환된 홀로세(Holocene)라고 부른다. 여기에 1995년 노벨화학상 수상자인 파울 크뤼천(Paul J. Crutzen)은 2000년에 홀로세 중에서 인류가 지구 환경에 매우 큰 영향을 미친 산업혁명 이후의 시대를 일컫는 용어로 인류세 (Anthropocene)를 제안하고 대중화하였다.

2) 지구온난화

기후변화에 따른 지구온난화의 문제가 세계적인 이슈로 대두하고 있다. 18세기 산업혁명 이후 화석연료의 사용이 급증하면서 기후변화의 원인물질로 대표적 온실가스인 이산화탄소(CO_2)의 농도가 280ppm에서 415ppm으로 높아졌으며(그림 1-2-1), 지구온난화로 전 세계의 평균기온이 산업혁명 이전과 비교할 때 무려 1.0℃ 가까이 상승하였고 이로 인해 세계 곳곳에서 기상이변이 속출하고 있다. 인간은 불의 사용과 가축 사육, 농업 활동 등을 통하여 지속해서 자연을 변화시켰으며, 빠른 속도로 넓은 삼림 지역을 파괴하고 있다. 삼림의 파괴는 지표면의 반사도에 영향을 미칠 뿐만 아니라 이산화탄소의 흡수원을 감소시킴으로써 기후변

[그림 1-2-1] 미국 하와이 마우나로아 관측소에서 측정한 이산화탄소(CO_2) 농도 추이

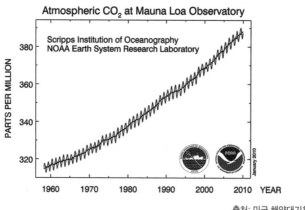

출처: 미국 해양대기청(NOAA)

화를 초래한다. 또한, 산업혁명 이후 화석연료 사용이 많아지면서 이산화탄소(CO_2), 메탄(CH_4), 아산화질소(N_2O) 등 온실가스의 발생이 증가하여 지구의 기온을 상승시키는 온실효과가 더 커지고 있다.

태양에서 방출된 빛에너지는 지구의 대기층을 통과하면서 일부분은 대기에 반사되어 우주로 방출되거나 대기에 직접 흡수된다. 그리하여 약 50% 정도의 햇빛만이 지표에 도달하게 되는데, 이때 지표에 흡수된 빛에너지는 열에너지나 파장이 긴 적외선으로 바뀌어 다시 바깥으로 방출하게 된다. 이 방출되는 적외선의 반 정도는 대기를 뚫고 우주로 빠져나가지만, 나머지는 구름이나 수증기, 이산화탄소 같은 온실기체에 의해 흡수되어 지구를 덥게 하는 것을 지구온난화라고 한다.

3) 전 지구 온도 상승

최근 발표된 기후변화에 관한 정부 간 패널(IPCC: Inter-governmental Panel on Climate Change) 제6차 평가보고서에 따르면, 인간의 산업화 활동으로 산업화 이전 수준 대비 약 1.09℃(0.95℃~1.20℃)의 지구온난화를 유발한 것으로 추정된다. 지구온난화가 현재 속도로 지속한다면 2021년에서 2040년 사이에 1.5℃에 도달할 가능성이 있다. 이는 과거 1만 년 동안 지구 온도

기후변화에 관한 정부 간 패널

기후변화에 관련하여 인류의 경제·사회 활동 등에 미치는 영향을 분석하여 과학적, 기술적 사실에 대한 평가를 제공하고 국제적인 대응 방안을 마련하기 위한 유엔 산하 정부 간 협의체.

[그림 1-2-2] 과거 지구 온도 변화와 최근 온난화의 원인

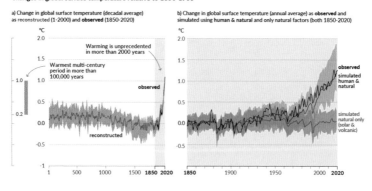

Human influence has warmed the climate at a rate that is unprecedented in at least the last 2000 years

Changes in global surface temperature relative to 1850-1900

a) Change in global surface temperature (decadal average) as reconstructed (1-2000) and observed (1850-2020)

b) Change in global surface temperature (annual average) as **observed** and simulated using human & natural and only natural factors (both 1850-2020)

출처: IPCC 제6차 평가보고서

가 1℃ 이상 변한 적이 없던 것에 비교하면, 지구 온도가 얼마나 빠르게 상승하고 있는지를 알 수 있다(그림 1-2-2). 범지구적으로 나타나고 있는 지구온난화 영향 아래서 우리나라도 예외는 아니다.

해양 온난화는 기후 시스템에 지정된 에너지의 증가에 좌우되는데 1971~2010년 사이에 축적된 에너지의 90% 이상이 해양 온난화에 영향을 미친다. 지난 20년이 넘는 기간 동안, 그린란드와 남극 빙하의 질량이 감소하였고, 전 세계적으로 빙하는 계속 감소하였고 북극 빙하와 북반구의 봄철 적설 면적도 지속해서 감소하고 있다. 빙상 주변의 빙하를 제외하고 전 세계 빙하 얼음의 감소율은 1971~2009년 사이에 226[91~361] Gt yr-1 그리고 1993~2009년 사이에는 275[140~410]

Gt yr-1
(gigatonnes per year)

국제적인 얼음 규모의 변화를 나타내는 단위. 361.8Gt은 해수면을 1㎜ 상승시킨다.

Gt yr-1이었을 가능성이 매우 크다. 그린란드 빙상의 얼음 평균 감소율은 실질적으로 1992~2001년에 34[-6~74]Gt yr-1에서 2002~2011년에 215[157~274]Gt yr-1 정도로 증가했을 가능성이 매우 크다. 이는 전 세계 해수면 상승과 이상기후를 일으키는 중요한 원인이다.

4) 우리나라 기후변화 현황

우리나라는 근대 기상관측 이래 지난 106년(1912~2017년) 동안 연평균 기온이 13.2℃이었다. 연평균기온이 0.18℃/10년으로 상승하였으며 연평균 최고기온은 0.12℃/10년, 최저기온은 0.24℃/10년으로 상승한 것으로 분석되었다. 계절적으로 겨울의 기온상승이 뚜렷하였다.

2010년대(2011~2017년) 연평균기온은 14.1℃로, 이전(1980년대: 13.4℃, 1990년대: 14.0℃)보다 높아 온난화가 여전히 지속하고 있는 것으로 나타났다. 한반도 기온은 거의 모든 지역에서 상승하는 것으로 나타났으며, 온난화의 공간분포 특성은 뚜렷하지는 않지만, 도시화 효과로 대도시에서의 온난화 경향이 좀 더 뚜렷하게 나타났다.

기후변화에 따른 기온상승으로 주요 농작물의 주산지가 남부지방에서 충북, 강원 지역 등으로 북상하고 있으며, 미래에도 계속해서 기온이 상승할 것으로 전망됨에 따라, 기후변화 시나리오 자료는 미래에 재배 가능 적지가 어떻게 변할 것인지에 대해 전망하여, 작물별로 발생할 문제점 및 대책 마련, 피해 최소화를 위한 종합 대책 수립 등에 활용하고 있다.

우리나라의 지난 106년간 연평균 강수량은 1237.4㎜이며, 10년마다 약 16㎜씩 증가하였다. 특히, 여름 강수량이 뚜렷하게 증가하였으며, 집중호우와 같은 기상재해를 가져오는 현상이 증가한 것으로 분석되었다. 과거 30년(1912~1941년) 평균 연 강수량이 1181.4㎜였는데 최근 30년(1988~2017년) 평균은 1305.5㎜로 124.1㎜가 증가하였다. 우리나라 2000년대의 연평균 강수량은 1970년대보다 144㎜ 증가한 것으로 나타났다.

지난 100년 동안 기온상승으로 우리나라의 계절이 변하였다. 봄은 13일, 여름은 10일 빨라지고, 가을과 겨울에는 각각 9일, 5일이 늦어졌으며, 계절 지속일은 여름은 98일에서 117일로 19일 길어졌으나, 겨울은 109일에서 91일로 18일 짧아지고 있다.

2. 기후위기 적응

기후위기 적응은 피할 수 없는 기후변화에 대응하기 위한 전략적인 방안으로, 이미 지금까지 배출된 온실가스로 인해서 기후변화는 지속해서 일어나고 있다. 실제 혹은 미래 예측되는 기후변화로 인한 생태계의 변화, 산업의 변화, 자연재해 발생 증가 등과 같은 위험을 최소화하고 새로운 발전의 기회를 최대화하려는 것이 기후위기 적응 전략이다. 따라서 우리의 기후위기 적응대책이 곧 국가생존 체계를 마련하는 새로운 사업 분야를 창출하고, 국가경쟁력을 향상하는 기회로 활용할 수 있다.

1) 다가올 위기, 미래 기후

기후변화 시나리오는 온실가스, 에어로졸, 토지이용 변화 등 인위적인 원인으로 발생한 복사강제력 변화를 지구 시스템 모델에 적용하여 산출

[그림 1-2-3] 기후위기 적응 전략 개념도

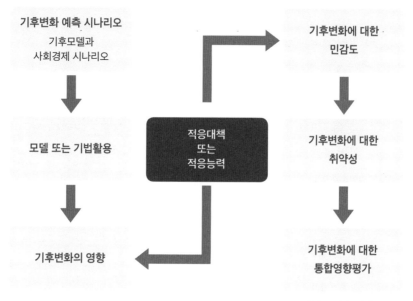

기후변화 예측 시나리오
기후모델과
사회경제 시나리오

기후변화에 대한
민감도

모델 또는 기법활용

적응대책
또는
적응능력

기후변화에 대한
취약성

기후변화의 영향

기후변화에 대한
통합영향평가

출처: 국가기후변화적응센터

한 미래 기후 전망 정보(기온, 강수량, 바람, 습도 등)이다. 기후변화 시나리오는 미래에 기후변화로 인한 영향을 평가하고 피해를 최소화하는 데 활용할 수 있는 중요한 정보로 활용되며, 한반도 지역별 상세 기후변화 전망은 지자체별 기후변화 대응과 적응대책 수립을 위한 필수적인 정보이다. 기후변화 시나리오의 목표는 단순히 미래를 예측하는 것이 아니라, '광범위하게 발생할 수 있는 모든 범위의 미래'를 고려하여 신뢰할 수 있는 의사결정을 위해 불확실성을 이해하는 것이다.

① SRES(Special Report on Emission Scenarios): IPCC 제3차 평가보고서(2001)에 사용된 미래배출 시나리오로 예상되는 이산화탄소 배출량에 따라

A1B, A2, B1 등 6개의 시나리오가 있다.

② RCP(Representative Concentration Pathways): IPCC 제
5차 평가보고서에서는 인간 활동이 대기에 미치는 복
사량으로 온실가스 농도를 정하였다. 같은 복사강제
력에 대해 사회-경제 시나리오는 여러 가지가 될 수
있다는 의미에서 '대표(Representative)'라는 표현을 사용
한다. 그리고 온실가스 배출량 시나리오의 시간에 따
른 변화를 강조하기 위해 '경로(Pathways)'라는 의미를
포함한다.

③ SSP(Shared Socioeconomic Pathways): IPCC 제6차 평
가보고서를 위해 2100년 기준 복사강제력 강도(기존
RCP 개념)와 함께 미래 사회경제변화를 기준으로 기후
변화에 대한 미래의 완화와 적응 노력에 따라 5개의
시나리오로 구별되며, 인구통계, 경제발달, 복지, 생
태계 요소, 자원, 제도, 기술발달, 사회적 인자, 정책을
고려하였다.

2) 전 지구 기후변화 전망

IPCC 제5차 평가보고서에 따르면, 21세기 말 지구
의 평균 기온은 1986~2005년에 비해 3.7℃ 오르고 해
수면은 63㎝ 상승할 것으로 전망된다. 그러나 온실가

**배출시나리오에 관한
특별보고서(SRES)**

IPCC 제3차 평가보고
서(2001) 작성 시 사용
된 미래 온실가스 배출
시나리오로 예상되는
이산화탄소 배출량에
따라 나뉘며 대체 발달
경로를 탐구하고 폭넓
은 범위의 인구 통계적,
경제적, 기술적 변화 동
인과 결과적인 온실가
스 배출을 다룬다.

대표농도경로(RCP)

IPCC 제5차 평가보고
서(2013)에서 사용한 시
나리오로 최근 온실가
스 농도변화를 반영하
였으며 최근 예측 모델
에 맞게 해상도 등을 업
데이트하였고, 온실가
스 농도를 설정한 후 기
후변화 시나리오를 산
출하여 그 결과의 대책
으로 사회·경제 분야별
온실가스 배출 저감정
책을 결정하는 것이 특
징이다.

**공통사회 경제 경로
(SSP)**

IPCC가 6차 평가보고
서(2021) 작성을 위해
각국의 기후변화 예측
모델로 온실가스 감축
수준 및 기후변화 적응
대책 수행 여부 등에 따
라 미래 사회 경제구조
가 어떻게 달라질 것
인지 고려한 시나리오
이다.

스 저감정책이 상당히 실현되는 경우(CO_2 농도가 2100년 538ppm에 도달할 경우) 평균기온은 1.8°C, 해수면은 47㎝ 정도 상승할 것으로 전망된다. 21세기 온난화에 의한 전 세계 물 순환의 변화는 일정한 주기로 나타나지 않을 것이다. 지역적으로 예외가 있을 수 있지만, 온난화된 기후로 인해 건조 지역과 습윤 지역의 계절 간 강수량 차이는 증가할 것이고, 우기와 건기 간의 온도 차이는 더 벌어질 것이다.

21세기 전 세계 빙하 부피는 더욱더 감소할 전망이다. 빙권의 북극 바다 얼음 덮개가 지속해서 축소되고 얇아질 가능성이 크고, 지구 평균 표면 온도가 상승하는 동안 북반구의 봄철 적설 면적은 감소할 것이다. 또한, 21세기 전 세계 기후변화는 대기 중의 CO_2의 농도가 증가함에 따라 탄소 주기 프로세스에 영향을 미칠 것이다. 즉, CO_2가 해양에 바로 흡수됨에 따라 해양 산성화가 증가할 것이다.

3) 한반도 기후변화 전망

IPCC 제5차 평가보고서(2013)의 RCP8.5 시나리오의 예측 결과, 21세기 말 지구의 평균기온은 1986~2005년에 비해 5.9℃로 상승할 것으로 전망된다. 한반도 평균기온은 현재(1981~2010년)보다 5.9℃ 상승하며 북한의 기온상승(+6.0℃)이 남한보다(+5.3℃) 더 클 것으로

RCP8.5 시나리오
현재 추세(저감 없이)로 온실가스가 배출되는 경우, BAU 시나리오.

[표 1-2-1] 1986~2005년 대비 21세기 말(2081~20100) 한반도 기후변화 전망

구 분		현재 기후값 (1986-2005) 538ppmv	21세기 중반기 (2046-2065)		21세기 후반기 (2081-2100)	
			936ppmv	538ppmv	936ppmv	
평균기온 (℃)	한반도	11.3	+2.3	+3.3	+3.0	+5.9
	동아시아	-	+1.9	-	+2.4	-
	전지구	-	+1.4	+2.0	+1.8	+3.7
일최고기온(℃)		16.8	+2.3	+3.3	+2.9	+5.7
일최저기온(℃)		6.3	+2.4	+3.5	+3.2	+6.1
강수량(mm)		1144.5	+13%	+21%	+20%	+18%
폭염일수(일)		7.5	+3.9	+7.4	+6.1	+24.4
열대야일수(일)		2.6	+6.6	+13.2	+11.8	+37.2
호우일수(일)		2.2	+0.9	+1.1	+1.0	+0.8

출처: IPCC AR5 WG I Report "The Physical Science Basis", 기상청 보도자료

전망된다. 전 세계가 적극적으로 온실가스를 감축할 경우(538ppm) 한반도 기온상승을 3℃로 막을 수 있어 기온상승 속도는 절반으로 떨어질 것으로 예상한다.

폭염과 열대야 등 기후 관련 극한지구는 기후변화에 따라 더 극적으로 증가할 것으로 전망된다. 폭염 일수는 현재 한반도 전체 평균 7.5일인데, 온실가스 배출량이 많아지게 되면 21세기 후반에 31.9일로 한 달 정도 발생할 것으로 전망된다. 남한보다 북한의 기온상승, 폭염, 열대야, 호우 증가가 더 클 것으로 분석되었으며, 온실가스 감축으로 인해 기후변화 완화 효과는 기온, 강수량보다 폭염, 열대야 등에서 더 클 것으로 전망된다(표 1-2-1).

4) 기후위기 적응의 비용과 편익

기후변화 적응비용은 완화비용보다 상대적으로 적게 소요되며, 그 효과는 더 빠르게 얻을 수 있다. [그림 1-2-4]는 2050년까지의 온실가스 감축체제가 이루어졌을 때 피해의 잔여물, 완화비용, 적응비용, 적응하지 않았을 경우의 추가비용을 나타내고 있다. 3℃에서 2℃로 온도 상승폭을 줄일수록 완화비용은 증가하며, 시간이 흘러갈수록 적응하지 않았을 경우의 추가비용이 증가하게 된다.

경제적인 측면에서 적응은 방법과 비용, 비용을 초과하는 편익으로 평가될 수 있다. 그러나 적응의 비용과 편익을 측정하는 과정에서 상당한 분석적, 정책적 어려움이 산재하고 있다. 그 이유는 많은 적응 행동들이 많은 사회적, 환경적 자극을 동반하기 때문이다. 비용을 산정하기 위해서는 적응 능력의 측정이 우선하여 이루어져야만 한다. 또한, 기후변화

[그림 1-2-4] 기후변화 시나리오에 따른 기후위기 적응, 완화비용

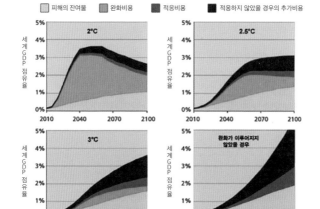

출처: 국가기후변화적응정보포털

의 특정한 영향에 대한 불확실성과 행동이 실행될 시간차에 따라 비용과 편익산정에 영향을 미친다.

분야에 따라 적응비용은 달라진다. 특정 분야의 적응 행동들은 적은 비용으로 높은 편익을 얻어 낼 수 있다. 유엔 기후변화협약(UNFCCC)은 2030년에 기후변화적응을 위한 추가비용을 분야별로 산정하였다.

5) 극단적 기상이변(기후변화와 경제/다보스포럼)

스위스 다보스경제포럼에서 발표한「글로벌 리스크 2022」보고서에 따르면, 향후 10년 동안 발생할 가능성이 가장 큰 위험 중에는 극한 날씨, 기후 행동 실패 및 인간이 야기하는 환경 피해가 있다. 따라서 기후위기와 같은 위협에 대한 대응은 전 세계가 공조하여 효율적으로 대처해야 할 필요성이 매우 크다 하겠다(표 1-2-2).

[표 1-2-2] 미래경제에 미치는 전 지구적 리스크의 영향력과 발생 가능성

	2018년	2019년	2020년	2021년	2022년
1	극단적 기상이변	극단적 기상이변	극단적 기상이변	극단적 기상이변	기후변화대응 실패
2	자연재해	기후변화대응 실패	기후변화대응 실패	기후변화대응 실패	극단적 기상이변
3	사이버 공격	자연재해	자연재해	인간유발환경 재난	생물다양성 손실
4	데이터 사기/절도	생물다양성 손실	생물다양성 손실	감염병 펜데믹	사회적 응집력 약화
5	기후변화대응 실패	사이버공격	인간유발환경 재난	생물다양성 손실	생계위기 (식량위기)

출처: The Global Risks Report. 다보스포럼

3. 기후위기 완화

　기후위기 완화는 미래의 기후 변화도를 감소시키는 것을 말한다. IPCC는 온난화 완화를 온실가스 배출량을 줄이는 운동 또는 온실가스 흡수원(carbon sink)을 늘림으로써 배출한 온실가스를 흡수하는 운동으로 정의했다. 많은 개발도상국과 선진국에서 깨끗하고, 덜 오염시키고, 기술적으로 이용하는 것을 목표로 하고 있다. 이러한 보조기술을 이용하여 상당한 양의 배출된 이산화탄소를 감소시킬 수 있다. 배출량 감소 목표 정책, 신재생에너지의 사용 증가와 에너지 효율(efficient energy use)을 높이는 것도 포함된다. 낮은 온도 증가 범위 내에서 지구온난화를 제한하기 위해 IPCC가 발표한 '징책 결정자들을 위한 요약 보고서'에서는 전체 보고서에 설명한 큰 여러 가지 시나리오 중 하나를 설명하며 온실 기체 배출 제한 정책을 채택할 필요가 있다고 말했다. 즉 해가 갈수록 배출량의 증가를 막는 것은 점점 어려워질 것이고, 원하는 온실 기체 농도를 맞추려면 몇 년 후에는 더욱 과감한 정책을 취해야 할 것이라고 말했다.

1) 지구온난화 1.5도 의미

　「IPCC 1.5도 특별보고서」에 따르면, 산업화 이전 수준 대비 현재 전 지구 평균온도는 약 1℃ 상승하였다. 지구 평균온도 상승을 1.5℃로 제한하면 2℃ 상승에 비해 일부 기후변화 위험을 예방할 수 있다고 강조하고 있다. 예를 들면, 전 지구 해수면 상승은 지구온난화 2℃ 대비 1.5℃에서 10㎝ 더 낮아지며, 여름철 북극해 해빙이 녹아서 사라질 확률은 지구온난화 2℃에서는 적어도 10년에 한 번 발생하나, 1.5℃에서는 100년에 한

[그림 1-2-5] CO2 누적 배출량 및 미래 non-CO2 복사강제력과 지구온난화

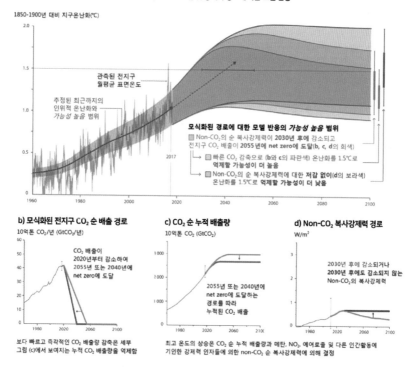

a) 관측된 전지구 기온 변화와 모식화된 인간활동에 의한 배출 및 강제력 경로에 따른 모델 반응

출처: IPCC 1.5도 특별보고서

번 발생할 것이다. 그러나 산호초는 1.5℃ 상승할 때에도 70~90% 정도 줄어들 것이며, 2℃ 상승할 때에는 거의 모두(99% 이상) 사라질 것이다.

인간 활동에 기인한 전 지구 CO2 배출량이 넷제로에 도달하여 유지되고 non-CO2 복사강제력이 감소하면 인간 활동에 기인한 지구온난화는 향후 수십 년 안에 멈출 것이다. 이때 도달하는 최대 온도는 CO2 배출량이 넷제로에 도달하는 시점까지 인간 활동으로 누적된 전 지구 CO2 순 배출량과 정점 온도에 도달하기 이전 수십 년 기간의 non-CO2 복사강

제력 수준에 의해 결정된다. 더 장기간의 시간 규모에서 보면, 지구 시스템의 피드백에 의한 추가적인 온난화를 방지하고, 해양 산성화를 되돌리고, 해수면 상승을 최소화하기 위해서는, 인간 활동에 기인한 전 지구 CO_2 배출량을 넷네거티브로 유지하고 동시에/또는 non-CO_2 복사강제력의 추가적인 감소가 필요할 것이다.

[그림 1-2-5]의 파란색 음영은 CO_2 순 배출량 감소가 더 빨라져 2040년에 넷제로에 도달하고(세부 그림 b의 파란색 실선) 이에 따른 CO_2 누적 배출량(세부 그림 c)이 감소할 때의 반응을 나타낸다. 보라색 음영은 CO_2 순 배출량이 2055년까지 0으로 감소하고, non-CO_2 순 복사강제력이 2030년 이후 일정하게 유지되었을 때의 반응을 나타낸다. [그림 1-2-5]의 a에서 오른쪽의 수직 오차 막대는 3개의 모식화된 경로하에서 2100년에 추정된 온난화 분포의 범위(가는 실선)와 중간 범위(33~66분위, 굵은 실선)를 나타낸다. 세부 그림 b, c, d의 수직 방향 점선 오차 막대는 각각 2017년의 과거의 연간 전 지구 CO_2 배출량 및 CO_2 순 누적 배출량과 IPCC 5차 평가 범위를 나타낸다.

오버슛이 없거나 제한적으로 있는 1.5℃ 모델 경로에서, 인간 활동에 기인한 전 지구적 CO_2 순 배출량은 2030년까지 2010년 대비 최소 45% 감소하고, 2050년경에는 탄소중립에 도달해야 한다. 2℃ 미만으로 지구온난화를 억제하는 경우, 대부분의 경로에서 2030년까지 이산화탄소 배출량이 대략 25% 감소하고, 2070년경에는 탄소중립에 도달해야 한다. 1.5℃로 온난화를 억제하는 경로에서 non-CO_2 배출량은 2℃로 온난화를 억제하는 경로와 유사하게 상당한 감축을 해야 한다.

2) 유엔 지속가능 개발 목표(UN SDGs)와 연계

유엔 지속가능 개발 목표(SDGs)의 분야별 이용된 기후위기 완화 수단
은 SDGs에 긍정적인 효과(시너지) 또는 부정적인 효과(상충)를 가져올 수
가 있다. 이러한 가능성의 실현 정도는 완화 수단의 포트폴리오, 완화 정

[그림 1-2-6] 유엔 지속가능 개발 목표(SDGs) 달성과 기후위기 완화정책의 효과

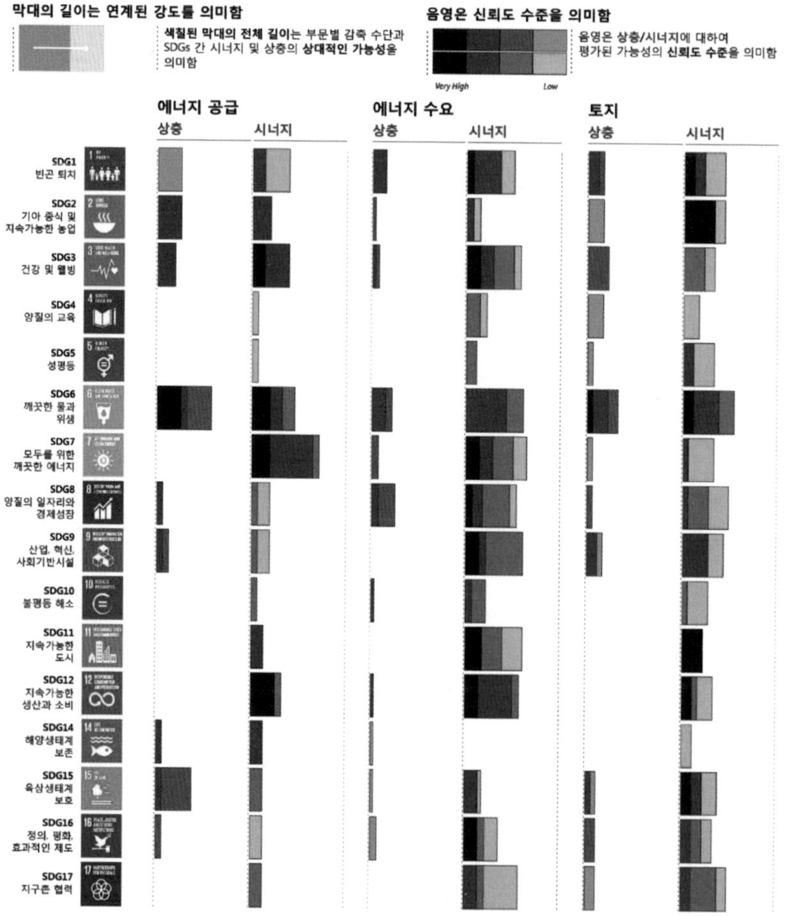

출처: IPCC 1.5도 특별보고서

책의 설계와 지역적인 상황의 맥락에 의존적이다. 특히, 에너지 수요 부문에서 가능한 시너지가 상충보다 크다(그림 1-2-6).

모식화된 1.5℃와 2℃ 지구온난화 경로는 보통 신규 조림(造林)과 바이오에너지 공급처럼 대규모 토지 관련 조치 확대에 좌우되며, 이러한 조치는 제대로 관리되지 않을 때 식량 생산과 대치되어 식량 안보에 대한 우려를 키울 수 있다. 1.5℃ 지구온난화 경로에 상응하는 완화는 수익 및 고용 창출을 위해 화석연료 의존도가 높은 지역에서 지속가능 발전을 위한 리스크를 일으킨다. 경제와 에너지 분야의 다양성을 촉진하는 정책이 이와 관련된 과제를 해결할 수 있다. 지속가능한 발전 및 빈곤 퇴치 차원에서 지구온난화 1.5℃에 따른 리스크를 억제하는 것은 적응과 완화에 대한 투자 증가, 정책 도구, 기술혁신과 행동 변화의 가속화를 통해 달성할 수 있는 시스템의 전환을 의미한다.

3) 탄소중립

탄소중립은 대기 중 이산화탄소 농도가 더 증가하지 않도록 순 배출량이 0이 되도록 하는 것으로, '넷제로(Net-Zero)'라고도 한다. 인간 활동에 의한 이산화탄소 배출량이 전 지구적 이산화탄소 흡수량과 균형을 이룰 때 탄소중립이 달성되는 것이다. 이를 위해서는 우

유엔 지속가능 개발 목표(SDGs)

SDGs는 2015년 유엔이 설정한 인류의 보편적 문제(빈곤, 질병, 교육, 성 평등, 난민, 분쟁 등)과 지구 환경 문제(기후변화, 에너지, 환경오염, 물, 생물다양성 등), 경제 사회문제(기술, 주거, 노사, 고용, 생산 소비, 사회구조, 법, 대내외 경제)를 2030년까지 17가지 주목표와 169개 세부목표로 해결하고자 이행하는 국제사회 최대 공동목표다.

탄소중립(Net-Zero)

인간의 활동에 의한 온실가스 배출을 최대한 줄이고, 남은 온실가스는 흡수(산림 등), 제거(CCUS)해서 실질적인 배출량을 0 (Zero)으로 만든다는 개념이다.

리가 배출하는 온실가스를 최대한 줄이고, 남은 온실가스는 숲 복원 등으로 흡수량을 늘려 흡수시키거나, 탄소포집 기술을 활용하여 제거함으로써 실질적인 배출량이 0이 되도록 하여야 한다.

세계 각국은 2016년부터 자발적으로 온실가스 감축 목표를 제출했고, 모든 당사국은 2020년까지 '파리협정 제4조 제19항'에 근거해 지구 평균 기온 상승 범위를 2℃ 이하로 유지하고, 나아가 1.5℃를 달성하기 위한 장기저탄소발전전략(LEDS)과 국가온실가스감축목표(NDC)를 제출하기로 합의했다. 스웨덴(2017), 영국, 프랑스, 덴마크, 뉴질랜드(2019), 헝가리(2020) 등 6개국이 '탄소중립'을 이미 법제화하였으며, 유럽, 중국, 일본 등 주요국들이 탄소중립 목표를 선언했다. 조 바이든 미국 대통령도 취임 직후 파리협정에 재가입하고 2050년까지 탄소중립을 이루겠다고 약속한 바 있다.

문재인 전 대통령은 2020년 10월 28일, 국회 시정연설에서 2050 탄소중립 계획을 처음 천명했다. 같은 해 11월 3일 국무회의 모두발언을 통해 "우리도 국제사회의 책임 있는 일원으로서 세계적 흐름에 적극적으로 동참해야 한다"며 "기후위기 대응은 선택이 아닌 필수"라고 강조했다. 이후 11월 22일, '포용적이고 지속 가능한 복원력 있는 미래'를 주제로 열린 G20 정상회의 제2세션에서 "2050 탄소중립은 산업과 에너지 구조를 바꾸는 담대한 도전이며, 국제적인 협력을 통해서만 해결 가능한 과제"라면서 "한국은 탄소중립을 향해 나아가는 국제사회와 보조를 맞추고자 한다"고 2050 탄소중립에 대한 한국의 의지를 밝혔다.

나가며

기후변화를 유발하는 온실가스는 에너지원으로 화석연료를 사용하면서 발생하였으며, 석유, 석탄과 같은 화석연료는 이제 지구상에 얼마 남지 않아서 빨리 신재생에너지와 같은 새로운 에너지원으로 변화를 이루어야 한다. 지구상의 인구가 79억 명이 넘었으며 인간의 생존을 위해 지구로부터 공급받아야 하는 물, 에너지와 식량은 절대적으로 부족한 시대가 도래하고 있다. 2015년 파리에서 개최된 제21차 기후변화 당사국총회(COP 21)에서 세계 모든 국가가 온실가스 감축을 통해서 지구 기온상승 정도를 2.0℃ 이하로 1.5℃까지 유지할 것을 합의하였다.

[그림 1-2-7] 홀로세(Holocene)에서 벗어나 빙하-간빙기 한계 주기를 벗어나 더 뜨거운 인류세(Anthropocene)의 현재 위치까지의 지구 시스템의 경로를 보여 주는 안정도

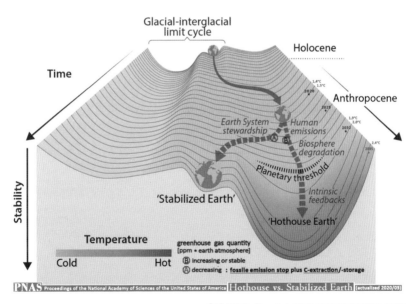

출처: Will Steffen et al. PNAS 2018;115:33:8252-8259

우리 인류는 지구상에서 마지막 빙하기를 지나 약 1만 년 전부터 안정된 기후를 바탕으로 정착 생활을 시작하여 농사를 짓고 문명을 발생시켰다. 이 시기를 지질 시대 구분으로 홀로세(Holocene)라고 부르는데, 이후로 인류는 서서히 자연환경을 파괴하기 시작했다. 인류가 자연환경을 파괴하고 기후위기를 일으키는 시대를 인류세(Anthropocene)라고 부르며, 일부 학자들은 산업혁명 이후의 시대로 정의하고 있다.

　[그림 1-2-7]과 같이 지구는 마지막 빙하기를 지나서 안정된 기후의 홀로세를 맞았지만, 인간의 욕심으로 산업혁명 이후 대량의 화석연료 사용에 따른 온실가스 배출로 지구온난화와 기후위기를 맞게 되었다. 이제 지속적인 온실가스 배출로 지구 시스템이 무너지면 수많은 생물이 멸종하고, 티핑포인트가 지나면 지구는 회복 불가능한 불가마 지구(Hothouse Earth)가 된다. 따라서 안전한 지구(Stabilized Earth)로 돌아가기 위해서는 지구 시스템 관리의 탄소중립은 선택이 아닌 필수다.

홀로세(Holocene)
마지막 빙기가 끝나는 약 1만 년 전부터 가까운 미래도 포함하여 현재까지 시대를 말한다. 지구 기후가 안정되면서 인류가 집단생활을 시작하고 농업과 문명이 발생하면서부터 현재까지의 시대를 말한다.

인류세(Anthropocene)
크뤼천이 2000년에 처음 제안한 용어로서, 새로운 지질시대 개념이다. 인류의 자연환경 파괴로 인해 지구의 환경체계는 급격하게 변하게 되었고, 그로 인해 지구환경과 맞서 싸우게 된 시대를 뜻한다.

3장

유엔 지속가능 발전 목표 (UN SDGs)

이홍금

((전) 한국해양과학기술원 부설 극지연구소)

Jacob Jongert, 〈Decoratief ontwerp voor een fabriek〉, 1900-1942

들어가며: 지속가능 발전이란?

'지속가능성'이란 현세대의 필요를 충족시키기 위하여 미래세대가 사용할 경제·사회·환경 등의 자원을 낭비하거나 여건을 저하시키지 아니하고 서로 조화와 균형을 이루는 것을 말한다. 지속가능 발전은 지속가능성에 기초하여 경제의 성장, 사회의 안정과 통합 및 환경의 보전이 균형을 이루는 발전 방식이다. 지속가능 발전은 「브룬트란트 보고서(Brundtland Report)」로 알려진 1987년 「우리 공동의 미래(Our Common Future)」보고서에서 '미래세대가 그들의 필요를 충족시킬 능력을 저해하지 않으면서, 현세대의 필요를 충족시키는 발전'으로 정의되면서 세계적으로 퍼지게 되었다.

유엔은 현세대와 미래세대를 위해 지속가능 발전 모델이 빈곤을 줄이고 전 세계 사람들의 삶을 개선하는 최선의 길을 제시한다는 회원국들의 이해를 반영하여, 2015년에 2030 지속가능 발전 의제(UN 2030 Agenda)를 채택하였다. 이 의제는 2000년부터 2015년까지 시행되어 중요한 발전 프레임워크를 제공한 새

지속가능 발전

경제의 성장, 사회의 안정과 통합, 환경의 보전이 조화를 이루며 지속가능성을 지향하는 발전. 미래세대가 그들의 욕구를 충족할 수 있는 기반을 저해하지 않는 범위 내에서 현세대의 요구를 충족시키는 발전.

2030 지속가능 발전 의제

2015년 유엔 총회에서 지속가능 발전 목표(SDGs)를 2030년까지 달성하기로 결의한 의제로 새천년 개발 목표(MDGs)의 후속 의제.

천년 개발 목표(MDGs: Millennium Development Goals)의 후속 의제로서, 2016년부터 2030년까지 유엔과 국제사회가 협력하여 달성해야 할 글로벌 행동 계획이다. 의제의 핵심은 17개의 지속가능 발전 목표(SDGs: Sustainable Development Goals)로 인류의 보편적 사회문제, 경제 성장 및 지속가능한 환경의 3대 분야를 아우르고 있다. 유엔이 정한 인류사회 공동의 비전 '현세대와 미래세대 구성원 모두가 행복한 세상'을 이루기 위해 국가별 상황에 맞는 충실한 이행과 지구촌의 건강한 이웃으로서 적극 동참이 요구되고 있다.

동시에 기후변화는 인류의 삶에 지대한 영향을 미치기 시작했으며 전세계 어느 나라도 기후변화의 영향으로부터 안전하지 않게 되었다. 지속가능 발전 목표가 공식화되고 채택되는 동안, 유엔은 기후변화협약을 지원하여 2015년 파리기후협약으로 동력을 이었다. 파리기후협약의 중심목표는 기후변화의 위협에 대한 글로벌 대응을 강화하는 것이며, 기후변화의 영향에 대처할 수 있는 국가의 능력을 강화하는 것을 목표로 하고 있다. 전보다 지속가능한 글로벌 경제가 구축되면 기후변화의 주원인인 온실가스 배출을 줄이는 데 도움이 되므로, 국제사회가 유엔의 지속가능한 발전 목표와 2015년 파리기후협약에서 설정한 배출량 감소 목표를 달성하는 것이 매우 필요하다. 즉 지속가능 발전과 기후변화 대응은 연결되어 있으며 둘 다 현재와 미래의 인류 생존과 복지에 결정적으로 중요하다.

1. UN SDGs의 탄생 배경

1) 스톡홀름에서 리우까지

인류의 빈곤, 불평등, 환경 파괴 등 인류의 미래에 대한 우려의 목소리가 높아지고 환경보호와 경제성장이 양립할 수 있는가에 대한 논의가 뜨거워지기 시작한 지 50년이 지났다. 그동안 유엔 주도하에 인류의 지속가능한 미래를 위하여 머리를 맞대고 여러 차례의 회의를 거쳐 다양한 아젠다와 이행조직이 탄생되었다. 가장 최근의 국제공동 어젠다인 UN SDGs가 채택되어 2030년까지 지속가능 미래를 위한 청사진을 마련하였다.

유엔이 1972년 스웨덴 스톡홀름에서 '인간환경회의(UNCHE: UN Conference on the Human Environment)'를 개최하고 '스톡홀름선언(인간환경선언)'을 선포하였다. 스톡홀름 선언문에는 환경오염 및 공해 문제를 해결하기 위한 범지구적 차원의 협력 공약이 담겨 있다. 이는 개발과 환경보전의 조화를 이루고자 하는 유엔의 의지로서, 같은 해 12월 환경 문제를 전담하는 기구인 유엔환경계획(UNEP: UN Environmental Programme)을 창설하였다.

앞서 언급했듯이 1987년에 UNEP의 세계환경개발위원회(WCED: World Commission on Environment and Development)가 「우리 공동의 미래」라는 보고서를 출간하는데, 이 보고서는 당시 위원장이었던 노르웨이 브룬트란트 수상의 이름을 따서, 일명 「브룬트란트 보고서」라 불리며 환경정책과 개발전략을 통합시키기 위한 토대가 되었고 지속가능 발전의 개념을 광범위하게 논의하는 계기를 마련하였다.

1992년 6월 브라질 리우데자네이루에서 열린 유엔 환경개발 회의

(UNCED: UN Conference on Environment and Development)는 리우회의(Rio Summit) 또는 지구정상회의(Earth Summit)로 불리는데, 이 회의에서는 지

[표 1-3-1] 연도별 지속가능 발전 관련 주요 국제적 노력

1972	UNCHE 'Only One Planet' • 유엔 인간환경 회의(UN Conference on the Human Environment) • 스톡홀름 선언문 • UNEP 창설
1987	WCED 보고서 "Our Common Future" • 세계환경개발위원회 •「브룬트란트 보고서」 • Sustainable Development 개념 제시
1992	UNCED(Rio Summit, Earth Summit) • 유엔 환경개발 회의 'Rio Declaration', 'Agenda 21' • 기후변화협약, 생물다양성협약, 사막화방지협약 체결 • UNCSD 창설 합의
2000	제55차 유엔총회 • MDGs 의제 • 새천년 개발 목표(MDGs) • 2015년까지 빈곤의 감소 등 8개 목표 실천
2002	Rio+10(WSSD), 'JPOI' • 지속가능 발전 세계정상회의 • 요하네스버그 선언 • 지속가능 발전을 위한 이행 계획 마련
2012	Rio+20(UNCSD), 'The Future We Want' • 제3차 UN 지속가능 발전 정상회의 • 지속가능 발전과 범지구적 문제 해결 강조 • MDGs 후속 SDGs 설정 절차에 합의
2015	제70차 유엔총회 • MDGs 후속 SDGs 의제 채택 • 2030년까지 빈곤퇴치, 사회발전, 환경 등 17개 목표 이행 • 센다이 재해위험경감 프레임워크, 개발 자금 조달에 관한 아디스 아바바 행동의제, 기후변화에 관한 파리협약

구의 환경 문제 해결과 지속가능한 발전을 위한 '리우선언'과 세부적 행동강령을 담은 '의제21(Agenda21)'을 채택하였다. 또한 이 회의에서는 지속가능 발전을 촉진하기 위해 UN 3대 환경협약인 기후변화협약, 생물다양성협약, 사막화방지협약이 체결되었고, 유엔 지속가능 발전 위원회(UNCSD: UN Commission on Sustainable Development) 창설이 합의되었다.

기후변화에 관해서는 1990년 유엔 총회에서 '기후변화협약을 위한 정부 간 협상위원회(INC)'가 구성되어 기후변화협약의 제도적 기초가 마련되었다. 이후 INC 주도로 '기후변화협약에 관한 유엔 기본협약(UNFCCC: UN Framework Convention on Climate Change)' 마련을 위한 준비 작업이 이루어졌으며, 마침내 1992년 브라질 리우데자네이루에서 개최된 유엔 환경개발 회의(UNCED)에서 154개국 정부가 참여한 가운데 기후변화협약이 체결되었다. 1992년의 리우회의와 '의제21'은 지속가능 발전과 주요 환경정책의 분수령이 되었다.

리우회의 이후 10년이 지나 2002년에 남아프리카공화국 요하네스버그에서 지속가능 발전 세계정상회의(WSSD: World Summit on Sustainable Development)가 열렸다. 이는 RIO+10 정상회의로 불리는 지속가능 발전 제2차 세계정상회의다. 1992년 리우회의 이후 전 세계가 실천해 온 '의제 21'의 환경 문제 해결과 지속가

센다이프레임워크 (2015-2030)

2015년 유엔 총회에서 채택한 재난감소를 위한 각국의 행동지침을 약속한 강령으로 재난 발생 후의 피해 복구를 위한 관리에서 선제적으로 재난의 발생을 예방하는 재난위험 관리로 방제 패러다임을 전환.

능 발전의 성과를 평가하고 한계를 보완하기 위한 구체적 이행 전략 마련을 위해 '요하네스버그 선언'을 채택하였다. 향후 10~20년간 경제, 환경, 사회 분야에서 정부, 기구, 산업, 시민단체 등이 국가, 지역, 국제적 차원에서 달성해야 할 '요하네스버그 이행 계획(JPOI: Johannesburg Plan of Implementation)'를 채택하였다.

2) 새천년 개발 목표

새천년이 시작하고 2000년 9월에 뉴욕에서 열린 55차 유엔총회에서는 새천년 개발 목표(MDGs: Millennium Development Goals)를 의제로 채택하였디. 2015년까지 세계의 빈곤을 반으로 줄인다는 목표를 포함하여 보건, 교육의 개선, 환경보호와 관련하여 8가지 목표를 실천하는 것에 동의하였다. 이 비전은 지난 15년 동안 전 세계의 가장 중요한 개발 프레임워크로 남아 있다.

MDGs 기간이 끝나 갈 무렵에는 전 세계, 지역, 국가 및 지역의 공동 노력으로 MDGs는 수백만 명의 생명을 구하고 더 많은 사람들의 삶의 조건을 개선하였다. 개발도상국 인구의 거의 40%가 불과 20년 전만 해도 극심한 빈곤 속에 살고 있었으나, 세계는 극빈 인구를 절반으로 줄였으며 MDGs가 이러한 진전에 크게 기여했다고 할 수 있다. 2015년에 발표된 MDGs 보고서에 따르면, 그동안 제시된 데이터와 분석은 목표가 있는

새천년 개발 목표
(MDGs)

2000년 유엔에서 채택한 의제로 목표는 2015년까지 세계의 빈곤을 반으로 줄이는 등의 8개의 목표가 있음.

[그림 1-3-1] UN MDGs

[표 1-3-2] 유엔 MDGs의 세부목표

8대 목표	주요지표
1. 절대빈곤 및 기아 근절	• 1일 소득 1.25달러 미만 인구 반감
2. 보편적 초등 교육 실현	• 모든 혜택 부여
3. 양성평등 및 여성능력의 고양	• 모든 교육수준에서 남녀차별 철폐
4. 아동사망율 감소	• 5세 이하 아동사망률 2/3 감소
5. 모성보건 증진	• 산모사망율 3/4 감소
6. AIDS, 말라리아 등 질병 예방	• 말라리아와 AIDS 확산 저지
7. 지속가능한 환경 확보	• 안전한 식수와 위생환경 접근 불가능한 인구 반감
8. 개발을 위한 글로벌 파트너십 구축	• MDGs 달성을 위한 범지구적 파트너십 구축

출처: https://www.un.org/milleniumgoals

개입, 건전한 전략, 적절한 자원 및 정치적 의지가 있으면 가장 가난한 국가라도 극적이고 전례 없는 발전을 이룰 수 있다는 것을 증명하였다.

그러나 지역과 국가에 따라 상당한 격차가 있어 아직도 불균등한 성과와 부족함이 있다는 것도 인정하였다. 최빈곤층, 성별, 연령, 장애, 민족 또는 지리적 위치 때문에 소외된 사람들과 같이 가장 취약한 사람들에게

다가가기 위해서는 표적화된 노력이 필요하며 새로운 시대에도 계속되어야 함을 피력하였다.

3) 지속가능 발전 목표(SDGs)의 탄생

Rio+20 정상회의라고도 잘 알려진 제3차 지속가능 발전 세계정상회의인 유엔 지속가능 발전 회의(UNCSD: United Nations Conference on Sustainable Development)가 2012년 6월 브라질 리우데자네이루에서 열렸다. 여기서는 '우리가 원하는 미래(The Future We Want)'라는 세목의 선언을 채택하여 지속가능 발전에 대한 의지를 재확인하였다. 경제 위기, 사회적 불안정, 기후변화, 빈곤퇴치 등 범지구적 문제 해결의 책임을 다시 강조하고 각국의 행동을 촉구했으며, 지속가능한 발전을 위한 중요한 도구로 '녹색경제(Green Economy)' 의제를 채택하고 새천년 개발 목표(MDGs)를 대체하는 지속가능 발전 목표(SDGs: Sustainabel Development Goals)를 설정하는 절차에 합의하였다.

2015년 7월에 아디스아바바에서 열린 제3차 유엔 개발재원총회에서는 AAAA(아디스아바바 행동의제)를 채택하였다. 공적개발원조(ODA: Official Development Assistance)의 일차적 중요성, 국내 재원과 혁신적 민간 재원의 역할, 최빈국 및 취약계층 배려, 과학기술 혁신 및 역량 강화 등 비재정적 이행 수단의 활용 등을 비롯

지속가능 발전 목표
MDGs의 후속 의제로 2015년 유엔에서 채택되었으며 지속가능 발전을 위한 17개의 목표와 169개의 세부목표를 담고 있다.

AAAA (아디스아바바 행동의제)
2015년 아디스아바바에서 개최된 제3차 개발자원총회로 지속가능발전 목표 달성 및 이행에 필요한 새로운 자원 마련 체제 및 종합 대책을 다루었다.

공적개발원조(ODA)
1969년에 OECD 개발원조위원회가 규정한 개념으로 개발도상국의 개발을 주목적으로 국제협력에 사용되는 개발 재원.

[표 1-3-3] SDGs와 MDGs의 비교

새천년개발목표(MDGs)	지속가능발전목표(SDGs)
개발도상국 대상	전 지구적(개발도상국과 선진국)
빈곤, 건강, 교육 등 사회발전 중심	경제, 사회, 환경 포함한 지속가능 발전 중심(물, 에너지, 기후변화, 환경, 일자리, 불평등, 인권 등 확대)
절대 빈곤 중심	모든 형태의 빈곤과 불평등 감소
정부 중심	모든 이해관계자 참여(정부, 시민사회, 민간기업 등)
ODA(공적개발원조) 중심	개도국 내 세금, ODA, 민간재원(무역, 투자) 등 다양한 재원
이행평가 관련 메커니즘 미비	고위급 정치포럼(HLPF)이 핵심 역할
2000~2015	2015~2030
목표 8개, 세부목표 21개	목표 17개, 세부목표 169개

한 지속가능 발전을 위한 이행수단에 합의를 하였다.

MDGs의 성공과 빈곤 퇴치 작업을 완료할 필요성을 인식한 유엔은 빈곤 퇴치를 포함하는 야심 찬 2030 지속가능한 개발 의제를 채택하였다. 2015년 9월 뉴욕에서 열린 제70차 유엔 총회에서는 193개 회원국의 만장일치로 SDGs를 채택하여, 2015년 만료된 새천년 개발 목표(MDGs)의 뒤를 잇는 지속가능 발전 목표(SDGs)를 2016년부터 2030년까지 이행하기로 하였다. 사회, 환경, 경제를 포괄하는 17개의 지속가능 발전 목표는 국제사회의 개발 협력을 위한 지침이 되는 글로벌 발전 의제이다.

2. UN SDGs 개요

'2030 지속가능 발전 의제'라고도 하는 지속가능 발전 목표(SDGs)는 '어느 누구도 소외되지 않는(Leave no one behind)'이라는 슬로건과 함께 포용적 성장을 추구한다. 인간, 지구, 번영, 평화, 파트너십이라는 5개 영역에서 인류가 나아가야 할 방향성을 17개 목표와 169개 세부 목표로 제시하고 있다. 새천년 개발 목표가 추구하던 빈곤퇴치에서 한 걸음 더 나아가 사회적 불평등, 사회발전, 경제발전, 환경, 이행수단 등을 포함하고 있다. 고위급정치포럼(HLPF)이 글로벌 차원에서 네트워킹의 중심 역할을 하며, 목표의 이행 정도는 지표(indicator)를 통해 측징하고 평가한다.

1) 비전과 원칙

SDGs가 제시한 지구촌 번영 비전의 주요 특징은, 첫째, 포용적(Leave no one behind)으로 여성·아동 등 취약계층 및 소외 계층을 포함하며, 둘째, 보편적(Universal)으로 선진국 및 개도국 구분 없이 국제사회 모두에 적용되며, 셋째, 야심 찬(Ambicious) 계획으로 빈곤의 '감축'을 목표했던 MDG와는 달리 빈곤의 '종식'을 목표로 하고 있으며, 넷째, 상호연계적(Interconnected)으로 사회·경제·환경적 측면을 균형 있게 통합하고 다양한 이행 수단을 결합하는 접근 방식 요구하고 있다.

지표 수립의 주요한 원칙은 5P를 중심으로 People(사람), Planet(지구환경보호), Prosperity(번영), Peace(평화와 인권), Partnership(파트너십)을 적용하였다.

[그림 1-3-2] SDGs가 제시한 5P

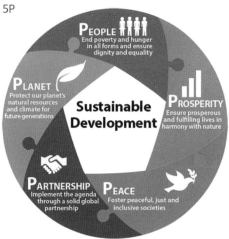

2) SDGs 17개 목표

SDGs는 사회발전, 경제성장, 환경보존의 세 가지 축을 기반으로 하여 경제·사회·환경 전 분야를 망라하는 17개 목표(Goal) 및 169개 세부목표(Target)로 구성되어 있다.

[그림 1-3-3] SDGs 17개 목표

[표 1-3-4] SDGs 17개 목표와 169개 세부목표

분야	목표	세부목표수	과학기술과 관련
사회	1. 빈곤종식	7	
사회	2. 기아해소와 지속가능 농업	8	과학기술
사회	3. 건강과 웰빙	13	과학기술
사회	4. 양질의 교육	10	
사회	5. 양성평등	9	
사회	6. 물과 위생	8	과학기술
환경	7. 에너지	5	과학기술
경제	8. 양질의 일자리와 경제성장	12	
경제	9. 혁신과 인프라	8	
경제	10. 불평등완화	10	
경제	11. 지속가능한 도시	10	과학기술
환경	12. 지속가능한 소비, 생산	11	과학기술
환경	13. 기후변화 대응	5	과학기술
환경	14. 해양 생태계	10	과학기술
환경	15. 육상 생태계	12	과학기술
인프라	16. 평화와 정의, 제도	12	
인프라	17. 파트너십	19	
합		169	

출처: https://www.un.org/sustainabledevelopment

3) 이행과 평가

SDGs는 강력한 과학과 정책의 인터페이스로서 그 이행 점검을 위하여 증거 기반의 도구를 이용하고 있으며 정책 입안자를 지원하고 있다. 그 이행의 중심에는 고위급정치포럼(HLPF)과 글로벌 지속가능 발전 보고서 (GSDR)가 있다. 유엔 회원국의 이행 결과를 매년 글로벌 차원에서 데이

터와 통계로 점검하는데, 이를 위해 글로벌 SDGs 지표 프레임워크가 개발되었다.

지속가능한 발전에 관한 유엔 고위급정치포럼(HLPF: High level political forum)[1]에서는 매년 자발적 국가별 평가(VNR: Voluntary National Reviews)를 발표하는데, 사무총장의 연례 SDG 이행보고서 및 4년마다 발표하는 글로벌 지속가능 발전 보고서(GSDR: Global Sustainable Development Report) 검토 등을 실시하며, 개별 목표 이행 현황을 심화 논의한다.

GSDR Report 2019는 4년 주기의 글로벌 지속가능 발전 보고서의 첫 번째 보고서로서 2016년 유엔 사무총장이 임명한 독립적인 과학자 그룹(IGS: Independent Grwoup of Scientists)이 준비한다. IGS의 임무는 지속가능한 발전을 촉진하는 정책 입안자를 지원하기 위한 과학-정책 인터페이스 강화로, 환경·경제·사회 문제의 세 가지 차원을 모두 고려하여 자연 및 사회, 과학의 최신 증거를 학제 간으로 통합하고 있다. IGS는 유엔 보고서, 국가 보고서 등을 검토하여 SDGs 이행에 대한 독립적 평가를 수행하고, 과학-정책 인터페이스 및 증거 기반 연구를 통해 SDGs를 분석한다. 또한 보편적이고 불가분하며 통합된 성격의 SDGs를 성공적으로 이행하기 위한 정책과 지구와 인류의 2030과 그 이후의 미래를 위한 변화를 제안한다.

SDGs 세부목표 수립 시 세부목표의 결과물이나 과정 등을 평가할 수 있도록 232개의 글로벌 성과지표(indicator)를 개발하여 증거 기반의 엄밀한 모니터링을 가능하게 하였다. 지표 체계는 2018년 232개로 국가별로 다르다. 2015년 46차 유엔 통계회의에서 설립된 전문가 그룹인 IAEG-

---

1 https://sustainabledevelopment.un.org/hlpf

[표 1-3-5] 가능한 구체적으로 명시되는 SDGs 세부 목표와 지표의 예(SDGs 9)

목표 9. 회복력 있는 사회기반시설 구축, 포용적이고 지속가능한 산업화 증진과 혁신 도모

세부 목표		지표	
9.1	모두를 위해 적당한 가격으로 공평하게 접근하는 것을 초점을 두고, 경제개발과 인간의 복리를 지원할 수 있는 지역적, 초국경적 사회기반시설을 포함하여, 양질의 신뢰할 수 있으며 지속가능하고 회복력이 높은 사회기반시설을 개발	9.1.1	사계절 도로 2km 반경 내 거주하는 지방 인구 비율
		9.1.2	승객 및 화물 운송량 (운송수단별)
9.2	포괄적이고 지속가능한 산업화를 촉진하고 2030년까지 국가별 상황에 따라 고용과 국내총생산에서 차지하는 산업의 비율을 상당 수준으로 증대하며, 최빈개도국의 경우 그 비율을 2배로 증대	9.2.1	1인당 GDP 대비 제조업 부가가치 비율
		9.2.2	총고용 대비 재조업 고용 비율
9.3	특히, 개발노상국에서 소규모 산업과 기타 기업이 적당한 신용을 포함한 금융서비스에 대한 접근을 늘리고 가치사슬 및 시장에로의 통합을 증진	9.3.1	총 산업 부가가치 중 소규모 산업이 차지하는 비율
		9.3.2	부채가 있거난 신용대출을 이용하는 소규모 산업 비율
9.4	2030년까지, 모든 국가가 역량에 따라 조치를 취해, 자원 효율성이 높고 깨끗하고 환경적으로 안전한 기술과 산업화 과정을 통해 사회기반시설을 개선하고 산업을 개편함으로써 지속가능성을 부여	9.4.1	부가가치 단위당 이산화탄소 배출량
9.5	2030년까지, 인구 백만 명당 연구개발 종사자의 수와 공공/민간 연구개발 지출 대폭 증가 및 혁신 장려 등을 통해, 모든 국가, 특히 개발도상국의 과학 연구 강화, 산업 부문의 기술 역량 향상	9.5.1	GDP 대비 연구 개발 지출
		9.5.2	거주자 백만 명당 (풀타임에 준하는) 연구원수
9.a	아프리카 국가들, 최빈국들, 소규모 도서 개발도상국에 대한 강화된 금융, 기술, 전문적 지원을 통해, 개발도상국에서 지속가능하고, 회복탄력성을 갖춘 인프라 개발 촉진	9.a.1	기반시설에 지원되는 (공적개발원조와 다른 공식적인 자금을 합한) 공식적인 국제적 지원 총액
9.b	산업 다변화, 상품가치를 더하는 정책환경을 조성하여 개발도상국의 국내 기술 개발, 연구 및 혁신 지원	9.b.1	총 부가가치 중, 중·고급 기술 산업 부가가치의 비율
9.c	정보통신 기술에 대한 접근을 상당히 늘리고, 2020년까지 최빈개도국에서 보편적이고 적당한 가격으로 접근을 제공하기 위해 노력	9.c.1	이동통신망을 이용하는 인구 비율(기술별)

출처: 지속가능발전 포털(http://ncsd.go.kr)

SDGs(Inter-Agency and Expert Group on SDGs Indicators)[2]는 각 지역을 대표하는 27개 국가의 통계청을 회원으로 구성하고 국제기구는 옵저버로 참여하여 글로벌 SDGs 지표를 개발하였다. 데이터 유형은 네 가지로 분류되는데, 측정표준이 있고 대부분의 나라에서 생산할 수 있는 유형 1은 93개, 유형 2는 측정표준은 있으나 대부분의 나라에서 생산할 수 없는 지표 66개, 유형 3의 68개 지표는 측정표준도 없고 대부분의 나라에서 생산할 수 없는 데이터로 분류하여 총 232개의 지표를 생산하였다. 예로서 SDGs 9인 회복력 있는 사회기반시설 구축, 포용적이고 지속가능한 산업화 증진과 혁신 도모의 경우 세부 목표와 지표는 [표 1-3-4]와 같다.

방법론과 데이터 가용성의 변화를 반영하기 위해 SDGs 이행 5년째와 10년째가 되는 2020년과 2025년에 종합적인 개편이 이루어진다. 2020년 3월 제51차 유엔 통계회의에서 231개로 구성된 지표 프레임워크가 승인되어 향후 5년간은 이 지표 프레임워크를 기반으로 SDGs 이행 상황이 점검된다.

사회적 특성별로 성과지표를 최대한 세분화하여 통계를 수집하고 평가하며 발전가능성의 측정을 위하여 양질의 이용이 간편하며 시기가 적절하고 높은 신뢰도의 통계 데이터를 지속적으로 생산하도록 유도하고 있다. 데이터는 정확성, 투명성, 신뢰성이 가장 중요하다. 각 국가는 공식통계원칙에 의해 작성된 통계자료를 제공하고, 지표 방법론 개발과 데이터 표준화 업무를 맡고 있는 국제기구는 수집된 데이터를 국제적으로 비교 가능한지 검토하여 유엔 통계국(UNSD: UN Statistics Division)에 제출

---

2   https://unstats.un.org/sdgs

한다. UNSD는 이 데이터를 자체 운영 중인 글로벌 UNSD 데이터베이스에 저장한다.

4) 목표 간의 상호작용

SDGs 간의 상호작용에 대한 분석은 SDGs의 계획 및 이행 시 거버넌스 시스템, 연구소, 파트너십, 재정지원 등과 관련하여 관련 효율적인 접근 방법의 제시를 위해서 필수적이다.

SDGs 간의 상호작용은 두 가지 별개의 목표 및 세부 목표에 해당하는 지표쌍 간의 시너지(긍정적), 절충(부성적) 및 분류되지 않은(중립적) 비율로 나타내고 있다. 복잡한 시너지 효과와 절충안을 처리하는 것은 의사 결정자에게 어려운 과제이지만 지속가능한 발전을 위한 다양한 경로를 따라 체계적인 접근 방식을 채택할 수 있다. 다양한 시스템에서 효과적인 조치를 취하려면, 예를 들어 기후변화와 인간 건강 사이, 또는 기후변화와 불평등 사이의 연결과 같은 시스템 간의 연결을 인식하고 해결해야 한다.

현재 글로벌 평가와 연구 논문을 통하여 169개의 세부목표 간의 상호작용 중 약 10%만이 적어도 한 번은 다루어진 상태이다. 목표 수준의 상호작용은 매트릭스에서 보는 바와 같이 92%가 평가되었고, 특정 셀이 비어 있는 중요한 사각지대, 또는 지식 격차를 보여 주므로 이러한 상호작용에 대한 추가 연구가 분명히 필요하다. 목표 간의 영향을 주고(수평) 영향을 받는(수직) 상호작용의 합계 점수를 매핑한 결과, 부정적인 상호작용보다 긍정적인(파란색) 상호작용이 우세함을 보여 주고 있는데, 이는 해결해야 할 절충안이 상대적으로 중요하지만 절대적으로 광범위하게 공동 이익을 가져왔음을 시사하고 있다.

[그림 1-3-4] SDGs 17개 목표의 상관관계

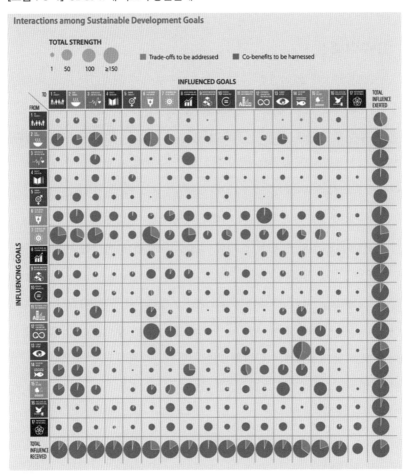

공동 이익(시너지) 및 상충(절충) 관계에 대해 **국제과학이사회**(ISC: Inter
national Science Council)에서 개발한 7점 척도를 사용하였음.

출처: GSDR Report 2019

국제과학이사회

사회 및 자연과학 전반
에 걸쳐 다양한 과학기
구를 통합하는 국제 비
정부 기구로서 2018년
국제과학협의회(ICSU)
와 국제사회과학협의
회(SSC)가 합병하여 형
성된 과학 분야의 가장
큰 조직.

3. K-SDGs

1) 수립배경

2015년 유엔에 2030년을 목표로 한 17개 분야의 지속가능 발전 목표를 수립함에 따라, 우리나라는 지속가능 발전 위원회의 국제 SDGs 체제를 한국 상황에 적용한 한국형 지속가능 발전 목표(K-SDGs)를 수립하였다. 2000년에 설립된 지속가능 발전 위원회는 국가의 지속가능 발전 기본 전략, 이행 계획의 수립 및 변경, 이행 계획의 협의 및 조정, 국내외 지속가능 발전 협력, 교육·홍보 등의 역할을 담당하고 있다.

2018년에 23개의 범부처 협의체, 420여명의 각 분야 전문가가 참여한 민·관·학 공동작업반, 다양한 이해관계자 그룹(MGoS: Major Groups and other Stakeholders)이 구성되어 '제3차 지속가능 발전 기본 계획(2016~2020)'을 보완한 K-SDGs 수립 작업에 참여하였으며 2018년 12월 국무회의 심의를 통해 K-SDGs가 수립하게 되었다. 작업반에서 마련한 K-SDGs 초안에 대한 국민 대토론회와 14개 이해관계자 그룹(여성, 청소년, 농민, 노동자, 산업, NGO, 과학기술, 지방정부, 교육 및 학계, 장애인, 지역공동체, 이주민, 동물복지, 청년 그룹)의 의견을 반영함으로써 국민 의견을 폭넓게 수렴한 K-SDGs가 수립되었다.

지속가능 발전 정보망인 지속가능 발전 포털(http://ncsd.go.kr)에서 K-SDGs에 관한 정보를 제공하는데, 작업반과 이해관계자가 업로드한 보고서는 공유가 가능하며, 여기에 지유롭게 의견을 개진할 수 있다.

2) 목표와 내용

2015 K-SDGs는 2030년까지 달성해야 할 국제사회의 보편적 가치와 목표를 포함하여 17개 분야, 122개 세부목표 및 214개 지표로 구성되었다. 국내 실정에 적합하지 않은 세부목표와 지표는 제외되었는데, 전체 지표 중 유엔 SDGs에 포함되지 않은 신규 지표는 122개로 전체의 57%를 차지하여 글로벌 지표와 국가 특화형 지표의 균형을 이루고 있다.

추가된 지표 중 우리나라 상황에서 해결이 절실한 지표로는 만성질환 대비, 저출생 극복, 통합적 수질 관리, 플라스틱 대체물질 개발, 남북 간

[표 1-3-6] K-SDGs 주요 지표

분야	주요 지표	2017년 대비 2030 목푯값
사회	• 상하위 계층 간 소득격차 비율	36.8%* → 31.0%
	• 남성 대비 여성 임금비율	65.9% → 85.5%
	• 노인 빈곤율	46.5% → 31.0%
	• 인구 10만명당 자살률	24.3 → 11.9
	• 업무상 사망사고 만인율	0.52 → 0.22
	• 국공립 유치원 이용률	24.0% → 44.0%
	• 최저기준 미달가구 비율	5.9% → 4.6%
환경	• 주요 멸종위기종 복원율	74.3% → 0.0%
	• 갯벌 복원면적 (㎢)	0.2 → 6.0
	• 친환경농업 인증면적 비율	4.9% → 10.0%
경제	• GDP 대비 연국발비 비중	4.23%** → 4.29%
	• R&D 과제 사업화 성공률	51.6* → 52.9%
	• 사업장폐기물 재활용률	75.8%** → 95.4%
	• 친환경차 보급대수	9.7만 대 → 880만 대

*2015년 대비, **2016년 대비

출처: 국가 지속가능 발전 목표 수립보고서 2019

항구적 평화체제 구축 등을 들 수 있다. 또한 인구 고령화 대비, 공공보건 의료서비스 확대, 하수도 서비스 제공, 운송 분야 대기오염 저감, 기술고도화 및 상용화 촉진, 지속가능 발전 교육 확대, 기후변화 1.5℃ 이내 달성, 생태축 복원 등의 지표가 추가되었다. 목표치가 확정되지 않은 지표는 '2020년 제4차 지속가능 발전 기본 계획(2021~2040)' 수립 시 반영될 예정이다.

3) 이행

K-SDGs의 성공적인 이행을 위해서는 정책과 연계하여 강력한 구현방법 및 구조가 필요하다. 즉 K-SDGs의 이행 구조를 K-SDGs 거버넌스, 이행 계획 수립, 실행, 모니터링 및 보고의 체계로 구성하여 목표 달성을 촉진하고 있다. 목표 데이터를 기반으로 목표 달성도를 모니터링하고, 매 2년마다 달성도를 공개하며 국가 지속가능성 평가보고서를 작성하고 있다. K-SDGs는 국가 지속가능성을 지속적으로 모니터링하며 진단하는 기준으로 활용될 예정으로 2020년도에 K-SDGs 평가를 실시하는 것을 목표로 하고 있다.

또한 지역 SDGs의 구현을 위하여 지자체 연계 체제를 구축하고 지역 커뮤니티 참여를 기반으로한 SDGs 현지화와 단계별 지역 SDGs 목표에 따른 민관합작투자사업의 활성화를 필요로 하고 있다.

통계청 통계개발원은 유엔 SDGs 한국 데이터 책임기관으로 SDGs 지표개발과 국가적 이행점검의 구심점 역할을 하고 있으며, 국내 24개 관계부처 및 통계작성기관의 협력을 기반으로 SDGs 한국 데이터 플랫폼을 운영하고 있다.[3]

2020년 9월 기준으로 231개 지표 중 한국 데이터가 가용한 지표는 136개이다. 이는 2018년에 비해 데이터 가용성이 향상된 것이다. 17개 목표 중 목표 5, 12, 13, 14에서 전 세계적으로 여전히 절반 미만의 국가데이터만 가용한 상황이다.

'한국의 SDGs 이행보고서 2021'는 데이터와 통계를 근거로 한국의 지속가능 발전 현황을 진단하고 있다. 이 보고서에 따르면 우리나라는 여러 분야에서 세계 상위 수준이다. 공중보건 위기를 예방, 감지, 평가, 대응하기 위한 체제 구비 역량 지표는 97/100점이고, 4대 비감염성 질환으로 인한 사망 확률은 OECD 국가 중 가장 낮았다. 초중고등학교 컴퓨터 및 인터넷은 100% 접근 가능으로 세계 최상의 정보화 수준이며, GDP 대비 연구개발에 대한 투자도 2012년 이후 세계 2위 수준을 유지하고 있다. 그러나 공공의료에 대한 지역별 접근성의 차이가 크고, 고령층이나 장애인 등 취약계층의 정보화 역량 및 활용 수준 등은 상대적으로 낮은 편이다. 뒤처져 있는 분야와 취약한 상황에 놓인 집단을 식별한 결과는 향후 SDGs 관련 정책 수립의 근거로 활용될 것이다.

4. 앞으로의 과제

1) 2030을 향한 결정적인 10년

2019년 9월 74차 유엔 총회에서 국가수반과 정부수반은 지속가능 발전 정상회의를 위해 모두가 뉴욕의 유엔 본부에 모여 2030 지속가능한 개발

---

3 http://kostat.go.kr/sdg

의제와 17개의 SDGs 이행의 진행 상황을 종합적으로 검토했다. 이 행사는 2015년 9월 2030 의제가 채택된 이후, SDGs에 대한 첫 번째 유엔 정상 회담이었다. 지속가능 발전을 위한 HLPF의 2013년 총회 결의, 글로벌 수준에서 지속가능 발전을 위한 2030 의제의 후속 조치에 대한 2015년 총회 결의의 이행 및 2018년 총회에서 의결된 경제사회이사회 강화에 대한 검토가 있었다. 총회 결의안으로는 지속가능 발전에 대한 HLPF의 '지속가능한 발전을 위한 10년의 행동과 실천'을 위한 '정치적 선언'이 있었다.

'정치적 선언'에서 2015년부터 2030 의제와 SDGs의 비전을 실현하기 위해 모든 수준에서 많은 노력을 기울인 것을 인정하였다. 또한 많은 부분에서 진전이 디딘 짐을 우려하며 여전히 취약성이 높고 결핍이 더욱 심화되고 있음을 인식하고 있다. 점검 결과, 빈곤 퇴치 목표를 달성하지 못할 위험이 있으며, 기아가 증가하고 있고, 성평등과 모든 여성과 소녀의 권한 부여를 향한 진전이 너무 느리며, 소득 및 기회의 불평등은 국가 내에서 그리고 국가 간에 증가하고 있다고 발표하였다. 또한 생물다양성 손실, 환경 파괴, 바다로 플라스틱 쓰레기 배출, 기후변화 및 재난 위험 증가가 인류에게 잠재적으로 재앙적인 결과를 가져올 속도로 계속 진행되고 있다고 밝혔다.

2030 의제를 위한 결정적인 10년을 시작함에 따라 정부, 시민, 사회, 민간 부문 및 기타 이해관계자를 참여시켜 솔루션을 생성하고 이행하는 데 시스템 격차를 해결하기 위한 조치를 가속화할 것을 요구하였다. 이를 위해 ① 누구도 뒤처지지 않음(Leave no one behind), ② 적절하고 방향성이 잘 잡힌 자금 조달, ③ 국가적 이행 강화, ④ 보다 통합된 솔루션을 위한 기관 강화, ⑤ 이행을 가속화하기 위한 지역 활동 강화, ⑥ 재난 위험 감소 및 회복력 구축, ⑦ 국제협력을 통한 문제 해결 및 글로벌 파트너십

강화, ⑧ 지속가능한 발전을 위한 디지털 변화에 더 중점을 둔 과학기술 및 혁신 활용, ⑨ 지속가능한 발전을 위한 데이터 및 통계에 대한 투자, ⑩ 이행의 격차 해결과 식별된 문제의 적절한 대응 및 자금조달을 위해 HPLF 강화를 약속하였다.

2) 지구와 인류의 미래를 위한 변화

'미래는 지금이다: 지속 가능한 개발을 달성하기 위한 과학'이란 제목의 GSDR 2019은 전 세계의 과학-정책-사회 인터페이스 전반에 걸쳐 협력을 진전시키는 결과물인 동시에 프로세스이기도 하다. 이 보고서는 지속가능한 개발을 위한 상황별 경로를 공동 설계하기 위해 국가 및 지역 수준에서 과학-정책-사회 협력 및 학습을 시작하는 데 사용할 것을 제안하고 있다.

시급성, 더 높은 수준의 웰빙을 추구하는 인구의 증가 예측 및 '누구도 뒤처지지 않음'과 같은 규범적 사항을 고려하여, 원하는 변화를 필요한 규모와 속도로 달성하기 위해 가장 가능성이 높은 기본 시스템에 대한 6개의 진입점이 식별되었다. 진입점은 ① 인간의 웰빙과 능력, ② 지속가능하고 공정한 경제, ③ 식량 시스템 및 영양 패턴, ④ 에너지 탈탄소화 및 보편적 접근, ⑤ 도시 및 근교 개발, ⑥ 지구 환경 커먼즈로 이루어져 있다. 이러한 진입점에 내재된 상호연결에 주의를 기울이지 않고 개별 목표 및 세부목표에만 초점을 맞추게 된다면 여러 요소에 걸친 2030 의제의 진행을 가로막을 수 있다.

인간의 웰빙과 사회적, 환경적 비용 간의 균형을 바로잡고 변화를 가져오기 위해 중요한 진입점에 적용할 수 있는 네 가지 지렛대로 거버넌스, 경제 및 금융, 시민사회, 과학기술을 들 수 있다. 네 가지 지렛대는 좋든 나쁘든 세계에 영향를 미칠 수 있는 강력한 변화를 대표한다. 따라서 변화를 가능하게 하고 2030 의제의 이행을 진전하는 데 필요한 핵심적인 혁신은 이 지렛대의 조합에서 나올 수 있다. 거버넌스, 경제 및 금융, 시민사회, 과학기술 분야의 구성원들은 파트너십을 제고하고 새로운 협업을 수립하며, 이를 조정하기 위해 노력하고 2030 의제의 각 부문 전반에 걸쳐 정책의 일관성을 우선시해야 한다.

제1부 국가생존과 미래

제 2 부

물-에너지-식량의 넥서스

대표집필   남 승 훈(한국표준과학연구원)

집필위원   권 형 준(K-Water 물정책연구소)

김 상 남(농촌진흥청)

김 두 호(농촌진흥청)

김 인 환(서울대학교)

김 용 제(한국지질자원연구원)

배 위 섭(세종대학교)

윤 종 철(농촌진흥청)

이 홍 금((전) 한국해양과학기술원 부설 극지연구소)

한 미 영(배재대학교)

물(Water), 에너지(Energy), 식량(Food)는 세 단어의 앞 머리 글자를 따서 FEW(소수, 희귀)로까지 불릴 정도로 인류의 생존에 꼭 필요한 자원이면 서 부족한 자원으로 주목받고 있으며, 물 안보, 에너지 안보, 식량 안보 차원에서 중요성이 강조되고 있다. 그러나 이들 자원의 확보나 관리의 문제는 각각 개별 자원에 대한 접근만으로는 해결될 수 없다는 것이 중 론이며, 따라서 통합적 관점에서의 해석과 노력이 필요한 분야이다.

특히 전 지구적인 기후 위기의 도전과 함께, 세계 인구의 지속적인 증가 와 도시화의 진전 속에서 수요량 증가에 반하는 자원 고갈과 수급불균 형의 심화는 생태계에 대한 중요한 악화요인(global stressors) 중 하나이 자 글로벌 안보의 위기를 초래하고 있다.

따라서 이들 자원 간의 통합적 관리와 국제적인 연계(nexus)를 통해 인 류와 지구의 지속 성장에 기여하면서 자원의 자립 기반을 구축하는 것 은 국가 생존의 필수 요소이며 중요 국정 어젠다이다.

1장

물과 삶

권형준(K-Water 물정책연구소)

김용제(한국지질자원연구원)

●○●

Luigi Ademollo, 〈Moses Drawing Water From the Rock〉

1. 물 환경의 변화

물은 생명을 이루는 중요 구성요소로 생명을 유지하는 데 꼭 필요한 영양소이다. 인류는 물을 통해 식량을 얻고 문명을 탄생시켰으며 사회를 발전시켜 왔다. 과거에는 비가 거의 내리지 않는 사막 지역을 빼고는 물은 마음만 먹으면 어디에서나 쉽게 구할 수 있었으며, 환경오염이 심하지 않은 상태에서는 수질오염에 대하여 심각하게 고민할 필요도 없이 자연 그대로의 물을, 아니면 간단한 처리를 통해 식수를 사용할 수 있었다.

그러나 현재에는 물을 쉽게 구할 수도 없을뿐더러 물을 구하기 위해서는 많은 대가를 지불해야 하며 이러한 물을 유지하고 관리하는 데 많은 어려움에 처하게 되었다.

우선 인구가 증가하고 도시화가 진행되면서 물 공급에 문제가 발생하게 되었다. 늘어나는 인구와 도시화에 따라 물 수요가 급증하는 데 반해 인근의 하천에서 취수할 수 있는 양은 제한되어 있어 일반적으로 물을 필요로 하는 지역으로부터 멀리 떨어져 있는 지역에서 새로운 상수원(上水源)을 확보하여야 하다 보니 상수원 보호에 따른 각종 규제가 가해지고 물이 풍부한 지역에서 다른 지역으로 물을 이동시키다 보니 지역 간 갈등이 불가피하고 물을 먼 곳에서부터 이동시켜야 하는 까닭에 많은 비용과 어려움이 발생한다. 많은 양의 물을 확보하였다고 해서 물 문제가 해결된 것은 아니다. 도시화나 산업화 등으로 인해 환경이 오염되면서 상류 지역의 수질오염으로 인해 상수원이 기능을 제대로 못 하게 되는 일이 잦아지면서 하류 지역에서는 고도의 정수처리 설비가 필요한 등 물 관리의 여건이 과거와는 매우 달라지고 있다.

특히 최근 경험하고 있는 기후변화는 물의 관련한 우리의 삶에 큰 변화를 가져오고 있다. 갑작스러운 기온변화와 함께 특정 지역에 집중되는 잦은 폭우와 홍수, 그리고 오랜 기간 비가 오지 않고 뜨거운 기온이 계속되면서 발화하는 대규모 산불 등으로 전 세계가 기후변화로 인한 대형 자연재해를 겪는 중이다.

수자원과 관련하여 볼 때, 기후변화는 우선 물 순환계의 대변동을 유발하게 되는데, 이로 인해 이상 홍수나 극단적 가뭄, 하천 유량의 심각한 변동 등을 불러일으켜 국민의 생명과 생활을 위협하게 된다. 하천 유량의 심각한 변동은 취수 장애, 배수체계 교란, 상·하수도체계의 비효율화, 생태계 교란, 가뭄과 홍수 피해, 친수(親水)공간의 비친화화 등을 초래한다. 또한 기후변화는 기존의 물 관련 사회기반시설의 기능과 운영 전반에 엄청난 영향을 준다. 구체적으로 댐, 보(洑), 상·하수도 시설, 제방 등 물 관련 시설물 설계의 가장 중요한 고려사항인 수문(水文)현상을 변화시키기 때문에, 변화된 수문현상으로 인해 물 관련 사회기반시설물을 다시 설치하고 재설계하여야 하는 등 많은 영향

기후변화
지구의 기후가 과거 오랜 기간 일정한 기후패턴에서 이탈하는 현상으로 "인간의 활동에 의한 온실효과와 태양 활동이나 화산 폭발 등 자연적인 원인에 의한 전체 자연의 평균 기후변동"을 의미.

제2부 물-에너지-식량의 넥서스

을 준다. 예를 들어 100년에 한 번 오는 홍수를 대비해서 만든 지하터널 등 지하 배수체계가 기후변화로 인한 더 큰 홍수를 대비해야 할 때, 기존의 지하 배수체계의 재설계와 새로운 시설물들의 설치가 불가피하고 각종 재해 예방 매뉴얼이나 도시계획 관련 기준들을 변경해야 하는 등 물 분야뿐만 아니라 도시 전체, 아니 국가 전체의 국토계획을 다시 수립하여야 한다.

2. 물 수요의 변화

물의 수요에 영향을 미치는 중요 요소로는 인구 증가, 산업 발전, 바이오 에너지 의존, 도시화 및 생활양식 변화를 들 수 있다. 인구 증가는 생활용수와 식량 생산을 위한 농업용수의 수요를 증가시킨다. 그리고 후진국이나 개발도상국의 급격한 산업화와 생활 수준의 증가, 화석연료 감축노력의 일환으로 추진 중인 바이오 에너지 의존도 증가, 기존 도시의 재개발이나 급격한 도시화 등은 모두 물 수요의 급격한 증가 요인으로 작용한다.

1900년대 초 전 세계 인구는 약 20억 명에 불과하였으나 2011년 70억명을 넘어섰고 2050년에는 약 90억 명이 될 것으로 추정된다. 인구의 증가는 물과 식량이 필요함을 의미하며 식량의 생산에는 절대적으로 많은 양의 물이 필요하다. 또한 인구 증가와 더불어 세계적으로 풍부한 자원에 바탕을 둔 서구화된 소비지향적 생활 방식은 물의 수요를 증가시키는 요인으로 작용하고 있다.

오늘날 전 세계적으로 사용되고 있는 물의 약 20% 정도는 산업 분야에 이용되고 있다. 각 나라별로 산업 분야에 사용되는 물은 그 나라의 경제 발전 수준과 비례하는데, 유럽 선진국의 경우 산업 분야에 사용되는 물은 전체 소비량의 60%에 달하는 반면, 개발도상국은 대략 10% 정도에 불과하다. 농업사회가 물을 많이 사용하는 것처럼 고도로 산업화된 사회 역시 산업용수의 비중이 높다. 또한 전력 생산 등 에너지 개발을 위해서도 물의 사용이 불가피하다. 예를 들어 셰일가스 채굴을 위한 노력 역시 물 사용량을 엄청나게 증가시킨다.

교통과 기술이 발달하고 여가문화가 확산하면서 쾌적하고 풍요로운 생활과 경제적 활동을 위해서도 물의 사용이 이루어진다. 시대에 따른 물의 시용은 당시의 생활 수준과 기술 수준에 맞춰 변화되어 왔으며 도시화와 주거형태의 변화 그리고 안전한 상수도의 보급 확대가 많은 영향을 끼쳤다.

3. 우리나라는 물 부족국가인가?

우리나라가 물 부족국가인지 아닌지에 대한 논쟁이 오랫동안 끊임없이 이어져 왔다. 가끔씩 가뭄으로 인해 농작물을 키우기 위한 물이 부족하다는 소식은 자주 접하기는 하지만, 마시거나 생활에 필요한 물을 손쉽게 구할 수 있는 우리나라에서는 물이 부족하다고 느낄 만한 상황을 잘 겪지 않는다. 또 계절별로 강수량이 큰 차이를 보이고 있지만 지역별로도 상당한 차이를 보이고 있기에 지역별로 물 부족을 느끼는 경험은 상당히 다르다. 우리나라의 물 문제는 근본적으로는 자연적인 여건상 지역마다 물의 부존 상태가 다르기 때문에 발생한다. 도시화에 따른 대규모 도

[그림 2-1-1] 우리나라와 전 세계의 평균 강수량 비교

세계 807mm 우리나라 1.274mm 세계 16,427(㎥/년) 우리나라 2,660(㎥/년)
(세계평균의 1.6배) (세계평균의 1/6)

연평균 강수량 1인당 강수량

시 중심의 개발 여건과 높은 인구 밀도 등으로 지역 간 물의 배분이 불균형을 이루고, 이로 인해 지역 간 물 갈등, 수자원인 하천의 오염 등의 문제가 발생한다.

강수량으로 볼 때 우리나라의 경우 매년 약간의 차이가 있지만 약 1,274mm로 전 세계 평균 807mm보다 물이 풍부한(1.6배) 국가이다. 그러나 인구수를 감안한 1인당 이용 가능한 물의 양은 2,660㎥으로 전 세계 평균의 1/6 수준에 불과하여 우리나라는 물 스트레스국가로 분류되고 있다는 점에서, 평균적으로 개인이 느끼는 수준을 감안한다면 우리나라는 물이 부족한 국가라고 할 수 있다.

2010년 이후 최근 10년간의 우리나라의 연평균 강수량은 1,279mm인데 10년 전(2000~2009)의 1435.9mm보다 무려 10% 적은 강수량을 보였다. 비가 적게 온 해는 평균의 74%인 949mm에 불과하였으며 비가 많이 온 해는 평균보다 27%가 많은 1,623mm에 달하여 연도별로 들쭉날쭉하다. 평균보다 상당히 많은 강수량을 보인

물 스트레스국가

국제인구행동연구소가 분류한 것으로, 1인당 이용 가능 수자원량이 1,000㎥ 이상~1,700㎥ 미만인 국가를 칭함. 이보다 적으면 물 기근국가, 이보다 많으면 물 풍요국가로 구분.

2010년, 2011년, 2012년, 그리고 2018년은 상대적으로 물 부족을 덜 느꼈을 것이고, 평균보다 매우 적은 강수량을 보인 2015년과 2017년에는 심각한 물 부족을 경험했을 것이다. 즉, 연도별로 볼 때 물 부족을 덜 느끼는 시기도 있으며, 물 부족이 심각해서 생활 전반에서 심각한 물 부족을 경험해 본 시기도 있다.

더구나 연도별로 들쭉날쭉하는 강우량이 계절별로도 큰 차이를 보이고 있는데, 연 강우량의 2/3가 6월~9월 여름철에 집중되고 있다. 계절별 연평균 강수량은 여름철 우리나라 대부분의 지역에서 70~110㎜ 증가하는 등 여름과 가을에 증가 추세가 가장 뚜렷하고 겨울철 연평균 강수량은 전 지역에서 약한 감소 추세를 보이고 있다. 우리나라 강수 및 호우 일수에 있어 강수 일수는 점차 감소하는 추세에 있으나 80㎜ 이상의 호우 일수는 증가하는 추세에 있다. 서울과 제주의 경우를 보더라도 과거에 비해 강우량의 변동 폭이 커지고 강우량 자체도 둘쭉날쭉하는 등 불안정한 상태를 보인다. 즉, 과거의 강우 추세의 신뢰도를 유지하기가 어렵다는 점에서 기후의 불안정한 변화에 대비할 필요가 있다 하겠다.

지역적으로 보면 우리나라에서 강수량이 제일 많은 지역인 제주도의 강수량은 우리나라 평균보다 34%가 더 많은 물이 풍부한 지역이나, 제일 적은 지역인 경상북도의 강수량은 우리나라 평균보다 10%가 적어 물 부족을 수시로 느끼는 지역이다. 결국 같은 국토 안에 살고 있는 우리들도 사는 지역에 따라 물 부족에 대하여 서로 다르게 생각할 수 있다.

우리나라의 물 부존량을 보면, 우리나라에서 연간 이용 가능한 수자원 총량은 753억㎥이나, 이 중 420억㎥(74%)은 이용하지 못하고 26%에 해당하는 333억㎥만을 이용하고 있다. 이는 나머지 수자원을 저장할 수 있는 공간(댐 등 저류시설)이 부족하기 때문이다.

[그림 2-1-2] 우리나라의 지역별 강수량

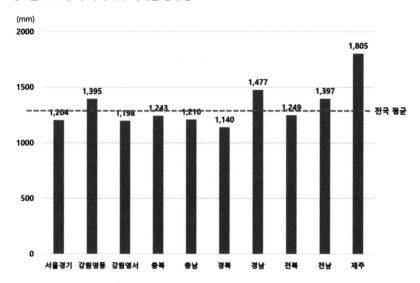

[그림 2-1-3] 우리나라의 물 부존량

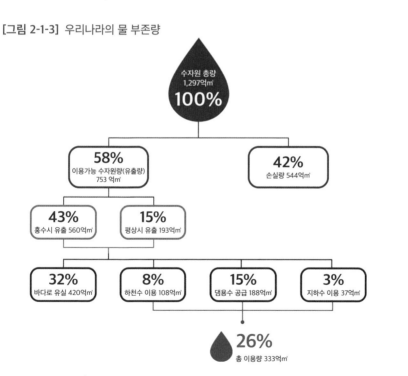

[그림 2-1-4] 우리나라의 용도별 물 이용량

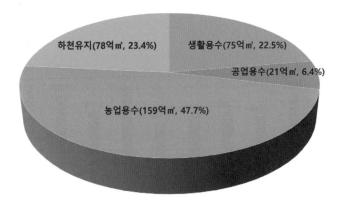

하천유지(78억㎥, 23.4%) 생활용수(75억㎥, 22.5%)

공업용수(21억㎥, 6.4%)

농업용수(159억㎥, 47.7%)

출처: https://m.water.or.kr/knowledge/educate/general/general05_qna05.contents

우리나라의 물 이용량 333억㎥는 농업용수에 47.7%가 사용되고 하천 유지에 23.4%, 생활용수에 20%, 그리고 공업용수에 6.4%가 사용되고 있다. 총 이용량 중 생활용수·공업용수·농업용수의 이용량은 255억㎥으로, 하천에서 83억㎥, 댐에서 144억㎥, 지하수를 통해 28억㎥을 공급하고 있다.

한편 물의 풍부한 정도를 판단하기 위해서는 물의 질(質)에 대한 평가도 같이 이루어져야 하는데, 물의 질까지 포함해서 물의 부족 여부를 평가한 결과는 아직까지 없다. 물이 조금 부족한 상황이 온다 하더라도 하천이나 물 환경이 깨끗하게 되는 경우 물 부족을 크게 느끼지 않을 수 있지만, 물이 양적으로 풍부하다 해도 하천이나 물 환경이 더러워지고 오염이 심한 경우, 물 부족을 느낄 수밖에 없다는 점에서 물의 풍부함은 물 환경의 깨끗함과 긴밀히 연계되어 있다.

4. 미래를 준비하는 물 관련 기술

세계경제포럼(WEF)은 환경오염(rising pollution in the developing world), 기후변화(increasing occurrence of severe weather) 및 물 부족 심화(intensive water stress)등 물과 관련된 3개의 Agenda를 Global 10대 Agenda로 선정하였으며, Global Risks 2015에서는 28개 리스크 중 물 위기(water crisis)를 가장 큰 리스크로 선정하였다. 이러한 리스크에 대응·적응하기 위한 노력의 일환인 미래의 물 관련 기술은 바로 우리의 미래를 결정짓는 핵심요소가 되고 있다.

1) 해양심층수 개발 및 연관 기술

해양심층수는 태양광이 도달하지 않는 수심 200m 이하의 심해에 위치한 바닷물이다. 해양심층수는 저온성, 청정성, 부영양성, 숙성성, 안정성 등의 자원적 특성을 갖고 있어 의료, 미용, 보건, 식용, 희소물질 등 다양한 산업 분야에서 활용이 기대된다. 우리나라 동해안의 경우 수심이 깊고 오호츠크해의 차가운 해수가 유입되며, 동해 내부의 고유수(固有水)가 순환하고 있어 해양심층수 개발에 적지로 분류된다. 해양심층수 자원을 산업적으로 이용하기 위해서는 수(水)처리와 관련된 고도의 핵심 부품 및 시스템 기술이 요구된다. 해양심층수 개발 연관 기술로는 해양심층에 CO_2를 포집(浦執)하여 분리·저장하는 것으로, 오랫동안 대기와 격리(quarantine)하는 CO_2 포집·분리·저장기술이 있는데 특히, 수심 3,000m 이하 심해나 수백m 퇴사층에 CO_2를 저장하는 경우 안전하다는 점에서 관심을 모으고 있다. CO_2 포집·분리·저장기술은 기후변화에 대비한 필수적 기술이라는 측면에서 단순히 CO_2 포집·저장이라는 목적을 넘어 해양심층수 개발이나 해양광물 채취라는 목적과 연계될 때 시너지를 얻을 수 있다는 점에서 미래에 주목받는 기술이다.

2) 수자원 위성 개발·활용 기술

최근 물 관련 재해로 인한 피해도 점차 대형화되고 광범위해지면서 이러한 재해를 신속·정확하게 파악하는 데 위성이 활용되고 있다. 신진국에서는 이미 위성을 토대로 영상자료와 모델링을 직접 연계해 물 관리에 활용하고 있는데 정지궤도와 저궤도 기상위성을 동시에 상호보완적으로 운영하고 있으며, 예보 적중률 향상과 기후변화 감시능력 강화를 위해 수자원 전용 위성까지 개발·운용함으로써 수자원 환경 및 기상 연구, 홍수 위험 감지 등 각종 재난 등에도 대응하고 있다.

우리나라에서도 홍수와 가뭄과 같은 물 관련 재해가 심해지면서 현재 물 자원 및 물 재해 감시 목적의 수자원위성 개발을 통한 광역관측 시스템 구축을 추진하고 있다. 수자원위성은 수문(水文)순환, 토양 수분, 지하수 변동, 저수 용량, 식생지수, 증발산량 등 물 관리에 필요한 수자원 기초자료 및 수문인자를 관측하고 산출하는 센서를 탑재한 위성이다. 물 관리정보에는

격리
1397년 베네치아 공화국에서 페스트에 감염된 지역으로부터 라구사 항구에 도착한 사람들을 40일간 격리한 것에서 유래한 말로 이탈리아어로 숫자 '40'을 의미.

제2부 물-에너지-식량의 넥서스

지상과 하늘뿐만 아니라 지하의 물 환경에 대한 탐사정보도 포함된다. 결국, 미래의 물 관리는 수자원위성을 통해 자연재해를 예측하여 저감할 수 있으며 결과적으로 위성 관련 분야의 기술 발전을 향상하는 데 위성 개발 및 활용 기술은 디지털기술에 기초하고 있어 미래의 물 관리에 있어 무한의 잠재력을 제공하게 된다.

3) 지능형 상·하수도관 기술

인공지능(AI)과 사물인터넷(IoT)을 탑재한 스마트 수도관(smart pipe)도 미래에 핵심적인 역할을 할 수 있는 주요 물 관리 기술이다. 스마트 수도 관은 지능형 수도관으로, 관로의 노후 정도, 관에 가해지는 수압이나 관에 흐르는 물의 양, 수질 등을 실시간으로 측정해서 정보를 전송하여 관로 사고를 미연에 방지할 수 있으며 안정적인 물 공급 및 수질 관리를 할 수 있도록 한다. 지능형 수도관은 실시간으로 물의 물리적 흐름에 대한

[그림 2-1-5] 스마트 파이프

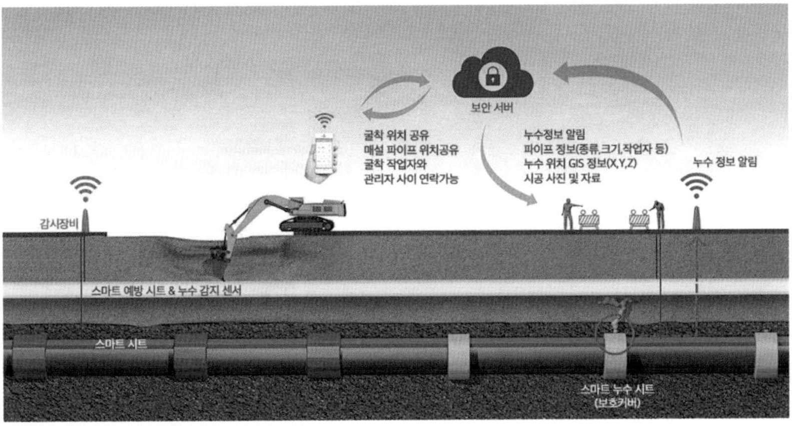

정보를 제공하고 최적의 에너지 효율적인 물의 관리가 가능토록 하는 데 기여한다. 아울러, 관에 흐르는 물의 질을 실시간으로 파악할 수 있어 수질 향상을 위한 추가적인 조치도 할 수 있다.

특히, 지능형 수도관은 단수나 사고를 예방하는 데도 큰 역할을 하는데, 대부분 도로 밑에 설치되어 있는 관로(管路)가 차량통행이나 굴착공사 등으로 인해 발생하는 외부에서 가해지는 충격 때문에 생기는 관로파손을 사전에 인지할 수 있도록 관의 상태에 대한 정보를 제공해 주며, 이로 인해 노후된 관을 적기에 교체할 수 있도록 한다. 지능형 상하수도관은 미래 물 관리를 실질적으로 체험할 수 있는 기술의 결과물이 될 것이다.

4) 인공지능(AI)에 의한 수처리기술

AI가 물 관리의 전 영역에서 디지털 물 관리의 첨병으로 활동하고 있지만, 최고의 수처리기술을 필요로 하는 해수담수화공정이나 반도체산업 등 초순수(pure water)를 이용해야 하는 정밀생산공정에서의 AI에 기반한 수처리기술은 물의 모든 질적인 영역을 커버할 수 있는 물 관리의 최후의 보루로서 자리매김할 수 있다.

5) 수소생산기술의 하·폐수처리시설 응용기술

수소는 전력 생산을 위해 연료전지, 가스터빈 연소 등에 사용될 수 있으며, 전기 배터리 대비 저비용으로 장기간 에너지 저장이 가능하다는 특징이 있다. 최근 전 세계적으로 투자의 많은 부분을 수소 기술에 할당한 상태로 2020년 기준으로 10여 개 이상의 국가에서 수소 로드맵을 수

[그림 2-1-6] 인공지능(AI)에 의한 담수화

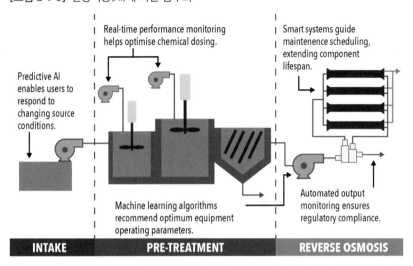

Real-time performance monitoring
helps optimise chemical dosing.

Smart systems guide
maintenance scheduling,
extending component
lifespan.

Predictive AI
enables users to
respond to
changing source
conditions.

Machine learning algorithms
recommend optimum equipment
operating parameters.

Automated output
monitoring ensures
regulatory compliance.

INTAKE **PRE-TREATMENT** **REVERSE OSMOSIS**

출처: GWI, *Desalination on course for AI revolution*, No. 1, 2020, p.45

립하였다. 현재 전 세계 수소 생산의 대부분이 증기메탄재생(SMR: steam methane reformation)을 통해 생산되며 메탄(천연가스) 또는 바이오메탄(바이오가스)이 고온에서 증기와 반응하는 형태이다. 수전해 방식 중 알칼리성 전해액 방식과 양이온교환막 방식이 상업적인 수소 생산에 활용되고 있으며, 그중 알칼리 방식만 대규모 생산에 근접한 상태이며 고체산화물 전해액 방식은 개발 단계에 머무르고 있다.

 물 분야의 하·폐수처리시설과 수소생산시설을 Co-location하면 하·폐수처리시설의 물 및 바이오가스를 수소생산시설(SMR 방식)에 공급하고, 수소생산시설의 산소를 하·폐수처리시설에 공급하는 등 시너지 효과를 낼 수 있다는 점에서 기존의 전기화학 기반의 수처리기술 보유업체들이 전극·전해액·분리막 기술 등을 수소 생산 분야에 확대 적용하려 시도 중이다.

5. 물 환경의 미래

앞서 살펴본 바와 같이 미래의 물 관리 여건은, 대폭적인 물 수요 증가가 불가피한 상황에서 기후변화 등으로 인한 물 관리의 불안정성은 커지고 있어 악화될 수밖에 없다. 다만, 물 관련 각종 스마트기술을 통해 효율성의 증대와 체계적인 물 관리를 위한 일정 수준의 예측과 통제가 가능하다는 점에서 미래의 환경 변화에 적응하고 대응할 수 있다.

미래의 물 환경은 인구 변화, 도시화, 기후변화, 생활패턴 변화, 재난, 기술 발전, 글로벌 체제 등 다양한 요소들과 연계되어 있으며, 물 문제는 그 자체가 식량 문제이고 에너지 문제이며 도시개발 문제이고 농촌 문제이듯이, 물 분야는 다른 분야와 상호 긴밀히 연계되어 있다. 결과적으로 지속가능한 도시개발과 지속가능한 에너지정책이 수반될 때, 지속가능한 물 환경을 조성하기 위한 노력이 빛을 발할 수 있다는 점에서 미래 물 관리 환경은 식량, 도시, 에너지, 재해, 환경, 안보, 기술 등 많은 분야를 포괄하면서 이러한 분야에 적용되는 각종 정책과 기술들을 융·복합하는 다양한 지식의 결합으로 발전되어야 한다. 물론, 이러한 지속가능한 노력들이 행해진다 하더라도 기후변화로 인한 불안정성과 재해로 인한 어려움은 여전히 존재할 수 있지만, 한편으로는 아직도 지구상에는 자원으로서 이용하지 못하는 엄청난 양의 물이 있다는 점을 고려한다면 미래의 잠재력 역시 존재한다 하겠다.

2장

탈탄소 시대의 에너지

김인환(서울대학교)

남승훈(한국표준과학연구원)

배위섭(세종대학교)

Albert Bierstadt, 〈Mount Corcoran〉, c. 1876-1877

1. 화석 시대는 언제까지인가?

1) 에너지 사용의 변천사

18세기 석탄을 이용한 산업혁명 이전까지 인류는 나무나 풀을 태워서 그 열을 이용하여 음식을 만들고 벽돌을 구워 건축물을 만들었다. 그 결과 사람들이 밀집한 지역일수록 벌목이 심하여져서, 토양이 황폐화되고 홍수가 자주 발생하게 되었다. 고대문명의 발생지인 이집트나 메소포타미아 지역의 일부 지역은 사막화가 되었으며 과거 수많은 사람이 모여 살고 경제활동이 활발하였던 지역일수록 심각하였다. 우리나라도 1960년대까지 전쟁과 땔감의 사용으로 인한 산림의 황폐화를 경험한 바 있다.

석탄과 철 등 풍부한 지하자원을 보유하고 있던 영국에서 산업혁명이 시작되었고, 기계의 발명에 따른 동력이 필요하게 됨에 따라 석탄의 개발이 증가하게 되었다. 1차 산업혁명은 석탄을 에너지원으로 하는 증기기관과 경공업의 발달로 시작되었고 2차 산업혁명은 내연기관 자동차의 대량생산과 중화학공업의 발달에 기인한다.

유럽대륙과 미국에서 주 에너지원으로 사용되었던 석탄은 1, 2차 세계대전을 거치면서 수송과 활용이 용이한 석유로 점차 대체되었다. 석유를 사용하는 내연기관은 석탄에 의한 외연기관에 비하여 강력한 힘과 속도,

[그림 2-2-1] 미국의 에너지 사용의 변화 추이(1845-2001)

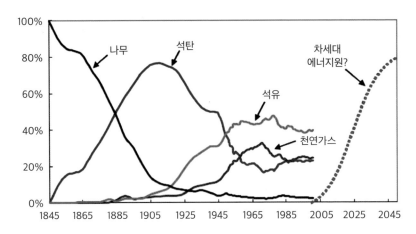

친환경성이라는 장점을 발휘했다. 2차 세계대전 당시 영국의 해군장관
이었던 윈스턴 처칠이 영국 함대의 원료를 석탄에서 석유로 전환하는 결
정을 하였는데 석유엔진이 석탄을 이용한 동력보다 강력하여 승리의 원
동력이 되기도 하였다.

화석연료의 사용에 따른 이산화탄소 배출과 이에 따른 기후변화의 심
각성에 대한 국제사회의 공동 인식이 강해짐에 따라, 사용이 편리하고
친환경적인 천연가스가 현실적인 대안으로 떠오르게 되었다. 태양광, 풍
력과 같은 환경친화적인 신재생에너지와 함께, 화석연료 중 탄소배출계
수가 가장 적은 천연가스가 현재로서는 중요성을 더해 가는 에너지원
이다.

중동국가들에 에너지 공급을 의존해 왔던 미국은 2010년대 셰일혁명
으로 2018년에 석유매장량 세계 1위의 국가가 되었으며 국제석유가스시
장도 공급이 원활해졌다. 천연가스의 수요와 공급은 매년 증가하고 있
다. 가정에서 도시가스 사용이 증가하고 가스발전, 운송, 석유화학사업

분야에서도 수요가 매년 증가하고 있다. 가스발전은 기저발전인 석탄과 원자력을 부분적으로 대체하고 신재생에너지와는 보완관계를 이룰 것으로 보인다. 1차, 2차 산업혁명을 주도하였던 석탄, 석유의 중요도가 감소하고 새로운 3차, 4차 산업혁명 시대에는 천연가스의 수요가 커질 것으로 예상하고 있다.

환경과 안전, 사후처리 관점에서 논쟁이 그치지 않는 원자력은 에너지의 해외 의존도가 높은 우리나라가 적은 연료비용으로 에너지를 공급할 수 있는 분야이다. 전체 에너지의 42.5%가 전기생산을 위하여 사용되며 최종소비에너지의 약 20%가 전기인데 그중 원자력이 약 30%를 차지하고 있다. 원자력은 우리가 사용하는 에너지의 대략 12%를 공급하고 있다. 원자력발전은 기술, 자본집약적인 전원으로 발전비용 중 연료비 비중이 5~7%에 정도이다. 참고로 석탄발전은 연료비 비중이 41%, 천연가스는 약 30%에 달한다. 우리나라의 원전 건설기술은 세계적인 수준으로 최근 UAE에 원자력발전소의 건설사업을 수주한 바 있다. 연료비의 비중이 적은 원자력발전은 대부분을 해외에 의존하는 화석연료에 비하여 장점이 있다. IAEA의 전주기분석(LCA)에 의하면 연료사용량 측면에서 991g/kWh인 석탄발전은 원자력발전 10g/kWh의 약 99배가 크다. 온실가스 감축정책 측면에서 원전은 긍정적인 면이 있지만 최근의 탈원전 정책과 후쿠시마 원전 사고 이후 어려움을 더하여 가고 있다.

태양광과 풍력발전이 주된 신재생에너지인 우리나라는 신재생에너지의 보급을 확대하는 노력을 하고 있다. 신재생에너지는 신에너지와 재생에너지를 통틀어 일컫는 말로 화석연료나 원자력을 이용한 에너지가 아닌 대체에너지를 말한다. 화석연료의 고갈성과 원자력의 안정성을 고려할 때 신재생에너지는 지구의 미래 에너지로서 중요성을 더하고 있다.

에너지원의 수요는 공급의 용이성과 함께 환경성, 안정성이 고려되는 에너지원으로 전환되는 경향이 있다. 에너지원은 인류문명의 태동과 아울러 사용되어 온 신탄(나무)이 석탄, 석유, 가스 등 화석연료를 사용하는 산업혁명을 거쳐서 최근에는 신재생에너지로 변화하고 있다. 에너지의 상당 부분을 해외에 의존하고 있는 우리나라는 석유나 석탄 같은 기존 에너지의 효율적인 활용과 함께 태양광 같은 신에너지의 개발을 병행하여 에너지 수요에 대응해야 하며 이를 에너지 믹스(energy mix)정책이라고 부른다.

2) 석유는 고갈될 것인가?

석유산업의 태동은 1859년 미국 펜실베니아주의 타이터스빌에서 에드윈 드레이크(Edwin L. Drake)가 시추하여 발견한 유전에서 기인한다. 지하에서 생산된 석유를 증류하여 등유를 생산하는 석유정제산업이 등장한 뒤, 인류는 자동차의 연료, 전기발전, 그리고 석유화학산업에 석유를 사용하게 되었다.

1940년대부터 1973년 오일쇼크 이전까지 엑손, 셰브런 등 소위 '일곱 자매' 등의 서구 메이저 회사들이 85%의 점유율로 세계석유시장을 주도하였으나 오늘날에는 사우디아라비아의 사우디아람코, 중국의 CNPC 등 산유국 국영회사의 생산이 증가하여 메이저

일곱 자매
20세기 중반, 한때 전 세계 석유 생산량의 85%를 차지하던 일곱 개의 석유 회사들을 지칭한다. 미국의 엑손, 모빌, 셰브런, 텍사코, 걸프와 영국계 브리티시석유, 로열더치셸 등 7대 석유 메이저 기업이 여기 포함된다.

회사의 생산비율은 10%로 감소하였다.

　식민지 쟁탈에 후발주자인 독일, 이탈리아 등의 추축국은 영토 획득과 아울러 석유 유전의 확보를 위하여 중동 산유국을 침공하였다. 2차 세계대전 이후 중동 산유국에서 거대 유전들이 발견되었고 산유국들이 세력화하는 움직임을 보였으며, 1960년에는 석유수출국기구(OPEC)를 결성하여 석유를 무기화하였다. 1970년대 두 차례의 석유파동, 그리고 2000년대 이라크전쟁 등을 겪으면서 유가가 급등락을 반복하였다. 얼마 전까지는 미국의 셰일오일 혁명으로 석유가 풍부해졌으나 2015년 기후변화협약의 체결로 화석연료의 장기적 전망이 불투명해진 모습이다.

　지하에 매장된 석유는 양이 한정되어 있으므로 언젠가는 고갈이 될 것으로 예견되고 있다. 석유 탐사에 성공하여 석유가 매장된 지층을 발견하면 얼마나 많은 석유가 지층에 부존되어 있는지 산정하여 개발 계획을 수립하게 된다. 지하의 석유는 지상으로 생산을 통하여 가치를 산출하므로 실제 생산이 가능한 양을 예상해야 하는 것이다.

　땅속의 석유는 매장량(reserve)과 자원량(resource)으로 구분하며 현재의 유가를 고려하여 상업적, 기술적으로 회수 가능한 석유의 양을 매장량이라고 부르고, 경제적인 고려 없이 기술적으로 회수 가능한 양을 자원량이라고 한다. 석유 탐사 이후 석유 발견의 가능성이 존재하는 배사구조, 돔(dome)구조 등의 크기로 자원량을 산출한 이후, 탐사 시추를 실시하여 석유의 존재 유무를 확인한다. 그다음엔 평가정을 시추하여 유전의 크기를 파악한 이후에 확실한 매장량이 계산된다. 매년 석유를 일정량 생산하면 향후 수년 이내에 생산량은 고갈되지만, 기술의 발전에 따라 새로운 유전이 지속적으로 발견되어 매장량이 증가하고 있다.

　가채년수는 석유의 생산을 지속할 수 있는 기간으로서 총매장량을 연

[그림 2-2-2] 생산량의 정점을 보여 주는 피크이론

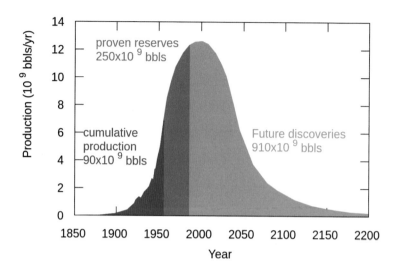

생산량으로 나눈 값이다. 매장량과 생산량이 일정하다면 매년 사용하는 석유로 인한 매장량의 고갈로 가채년수가 줄어들어야 정상이다. 하지만, 기술의 발달로 남극, 심해 등지에서 새로운 유전이 지속적으로 발견되어, 매장량이 증가하고 있기 때문에 30년 전에도 그리고 현재도 석유의 매장량은 약 30년 정도로, 감소하지 않는다. 참고로 석탄의 가채년수는 130년 정도이며, 가스는 70년 정도이다.

석유생산정점(peak oil)은 석유의 생산속도가 최대에 이르러서 그 이후부터는 생산속도가 감소하는 시점이며 통상 피크오일이라고 부른다. 석유의 수요는 증가하지만, 공급은 그에 미치지 못하여 유가가 폭등하거나 석유분쟁이 발생하는 등 심각한 에너지난이 생긴다는 이론이며 미국의 지질학자인 킹 허버트(M. King Hubbert)가 1956년 이 모델을 개발하였다.

생산 정점의 시점은 매장량과 생산량의 변화에 따라 달라질 수도 있지만, 피크이론의 개념은 유용하게 이용되고 있으며 2030년 이후에 다가올

수도 있을 것으로 예상되고 있다.

석유와 가스보다 편리하고 보급이 용이한 값싼 에너지가 공급되면 화석연료의 사용은 자연스럽게 사라질 것이다. 지금으로서는 환경친화적인 신재생에너지나 소형원자로와 같은 편리하고 강력한 에너지원이 미래에너지원이 될 가능성이 있어 보인다.

3) 무엇이 화석연료를 대체할 것인가?

인류가 가장 먼저 사용하였던 화석연료인 석탄은 풍부한 매장량으로 향후 200년 이상 사용할 수 있으며, IGCC와 같은 청정석탄기술의 개발과 함께 미래에도 지속적으로 사용될 수 있고 지역적으로 편재되어 있지 않기 때문에 가격도 안정적인 장점을 가지고 있다. 하지만 연소 중 발생하는 미세먼지나 이산화탄소의 양이 막대하여 석탄을 이용한 화력발전은 점차 감소 추세를 보이고 있다.

석유는 높은 에너지효율과 편리한 수송 등의 장점으로 지금까지도 인간이 가장 많이 사용하는 에너지원이며 폴리에틸렌, 윤활유, 파라핀과 같은 석유화학제품의 원료가 되는 자원이다. 석유를 정유할 때 온도에 따른 비등점의 차이를 이용하여 휘발유, 등유, 경유, 중유 등의 제품으로 분리되며 수송기관의 동력에너지를 공급하며 화력발전, 시멘트공장, 제철소에서 열을 공급하고 합성섬유, 비료, 농약 등 일상생활에서 석유가 들어가지 않은 것이 거의 없을 정도로 사용되고 있다.

우리가 통상 가스라고 함은 지하에서 천연가스를 개발하여 생활에서 가스의 형태로 사용하는 메탄, 에탄, 프로판, 부탄가스 등을 말하며 액체로 존재하는 원유와 구분되지만, 주요 성분은 탄화수소로서 원유와 가스를 통틀어 석유라고 부른다. 가스는 연소 도중 발생하는 이산화탄소가 적어서 환경친화적인 에너지이며 석탄처럼 재가 발생하지 않지만, 수송과 보관이 어렵다는 단점이 있다. 석탄, 석유, 가스와 같은 화석연료는 매장량이 제한되어 있어서 고갈성의 문제를 극복하여야 하지만 상당 기간 인류의 에너지공급원 역할을 할 것이다.

기후변화협약과 환경문제에 대응하는 에너지믹스를 고려하면, 향후에는 석탄과 석유사용의 감소가 예상되고 신재생에너지, 가스연료의 증가가 예상된다. 원자력의 비중도 안정성을 해결하는 기술의 출현에 따라 결정될 것이며 화석연료의 고갈과 신재생에너지의 기술 확산 등을 고려하면 핵융합, 소형원자로 등의 기술은 향후 지속적으로 발전시켜야 힐 분야이다.

4) 전망과 과제

에너지로서의 역할뿐 아니라 플라스틱, 섬유, 의약품 등의 원료로 사용되는 석유의 중요성은 단기간에 사라질 것으로 보이지 않는다. 태양광, 풍력 등의 미래 에너지원이 어느 정도 석유의 에너지로서의 역할을 수행하겠지만, 원자재로서의 석유의 역할은 끝나지 않을 것이다.

대규모 에너지전환이 있기 전까지, 지금까지의 경향에 의하면 2030년 무렵까지 석유의 수요는 증가할 것으로 보이며, 석유의 공급도 과학기술의 발달로 꾸준하게 증가할 것이다. 예를 들어, 심해 석유개발, 오일샌드나 메탄하이드레이트와 같은 비전통석유, 그리고 초중질원유, 셰일오일의 개발은 향후 오랜 기간 지속될 것이며, 기존에 발견된 유전으로부터 회수할 수 있는 석유회수기술도 지속적으로 증가하고 있다.

에너지믹스상 석유의 지위는 과거 석탄처럼 쇠락해 가고 있으며, 전기에너지의 중요성이 커지고 있다. 2차 에너지인 전기는 화석연료나 재생에너지, 원자력과 같은 1차 에너지원를 이용하여 공급된다. 인터넷 등 IT 기술 확산을 통한 3차 산업혁명과 인공지능, IoT, 빅데이터 등에 기반한 4차 산업혁명에는 2차 에너지원인 전기에너지가 필수적인 에너지원이다. 전기를 저장하기 위한 배터리 산업과 친환경 에너지인프라 구축을 위하여는 리튬, 구리와 같은 광물자원의 개발과 공급이 동반되어야 한다.

중공업과 화학공업 등의 제조업이 여전히 세계경제의 주요한 축을 이루고 있음에 따라 당분간 인류의 주 에너지원은 석유가 될 것이다. 석유를 비롯한 화석에너지의 종말은 언제쯤 올 것인가? 이 질문의 해결을 위해서는, 자원의 고갈성을 논하기 전에 기술에너지인 신재생에너지의 환경성과 효율성, 그리고 배터리와 같은 2차 전지를 이용한 에너지 저장 문제의 해결에 달려 있다. 현재 우리는 우리의 상황에 합당한 에너지믹스를 조합하는 것이 중요하다.

2. 청정에너지의 허와 실

1) 신재생에너지란?

산업혁명 이후 인류는 약 200여 년 동안 석유와 석탄으로 대표되는 화석연료를 주 에너지원으로 사용해 왔으나, 과도한 화석연료의 사용은 이산화탄소로 대표되는 **온실가스**를 발생시켜 **지구온난화**를 가속시켰으며, 세계는 기후위기의 심각성에 공감하며 적극적인 대응책으로 그린에너지와 탈탄소 에너지 연구개발에 돌입했다. 인류가 에너지를 얻기 위해 땅속에서 더 이상 탄소를 끄집어내지 않고, 원자력발전처럼 위험물을 배출하지 않으면서, 대량의 전력을 끊임없이 만들어 줄 에너지원은 없을까? 이러한 질문에 대한 답을 얻기 위해 현재까지 개발된 것이 신재생에너지이다.

환경친화적이며 고갈 걱정이 없어 미래의 에너지원으로 주목받고 있는 신재생에너지는 신에너지와 재생에너지의 합성어이다. 이 중 신에너지는 기존에 쓰이던 석유, 석탄, 원자력 등이 아닌 새로운 에너지를 의미한다. 화석연료를 변환시키거나 수소와 산소의 화학 반응으로 생성된 전기 또는 열을 이용하는 것이다. 이는 새로운 자원을 개발하여 에너지원으로 이용하는 것이 아니라, 기존의 에너지원에 새로운 기술을 도입해 얻는 에너지이다. 신에너지에는 수소에너지, 석탄 액화/가스화, 수소연료전지 등이 있다.

반면 재생에너지는 화석연료와 원자력을 대체할 수 있는 에너지로 자연발생적인 에너지를 말한다. 한 번 사용해도 다시 자연 과정에 의해 사용한 만큼 재생되기 때문에 에너지원이 거의 고갈되지 않아 지속적으로 이용이 가능하며 화석연료에 비해 환경오염이 적은 친환경적 에너지이다. 재생에너지 종류에는 태양광, 태양열, 바이오매스, 풍력, 해양 에너지, 소수력, 지열, 폐기물에너지 등 다양한 분야가 있다.

온실가스
지구 대기 중에 있는 기체로 지표면에서 우주로 발산하는 적외선 복사열을 흡수 또는 반사할 수 있는 기체를 의미. 주요 온실가스는 이산화탄소, 메탄, 아산화질소 등이 있음.

지구온난화
산업혁명 이후 화석연료의 사용으로 배출된 온실가스의 증가에 의한 온실효과로 지구 평균기온이 상승한 것.

2) 신재생에너지의 종류

① 태양광 에너지: 신재생에너지의 대표 주자

태양광에너지란 태양광발전 시스템을 이용해 빛에 너지를 모아 전기로 바꾸는 에너지이다. 태양광발전 시스템은 몸에 나쁜 공해를 만들지 않고, 연료도 필요 없으며 소음도 나지 않아 조용하다. 또한 쉽게 설치가 가능하며 오랫동안 사용할 수 있다.

태양광발전의 시작은 햇빛을 전기로 바꾸는 것이다. 태양전지(solar cell), 모듈(module), 시스템(system)이 각각의 역할을 통해 햇빛을 전기로 만드는 역할을 하게 된다. 태양광 발전의 기본적인 원리는 바로 **광전효과**(photoelectric effect)다. 태양광 모듈에 강한 빛을 쪼이면 태양전지에서 광전효과가 발생한다. 태양전지는 태양 에너지를 전기에너지로 변환할 목적으로 제작된 광전 지다. 태양전지는 반도체 PN접합을 사용한 것으로 태양빛이 닿아 전지 속으로 빛이 흡수되면, 이 빛이 가지고 있는 에너지에 의해 반도체 안에서 (+)와 (-)의 전기를 갖는 입자와 전자가 발생하며, 이 광전효과로 인해 반도체에서 전자가 나와 전류가 흐르면서 전기가 생성되고, 인버터를 거쳐 정제되면 우리가 사용할 수 있는 전기에너지로 바뀐다.

태양광에너지가 실생활에 적용된 사례에는 태양광 벤치와 태양광 가로등이 있다. 태양광 벤치와 가로등 은 일반 야외용 벤치에 태양광을 접목한 벤치로 자가

광전효과
특정 주파수 이상의 빛을 금속 같은 물질에 쬐면 전자가 방출되는 현상.

[그림 2-2-3] PN접합에 의한 태양광 발전의 원리

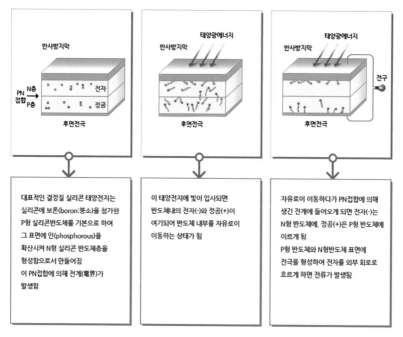

출처: 한국에너지공단 신·재생에너지 센터

발전을 이용해 LED 조명등과 스마트폰 충전기 등을 제공한다. 이외에도 여수에서는 사물인터넷 기술과 태양광 기술을 합해 일정 온도와 시간, 풍속 등에 따라 자동으로 접히고 펴지는 스마트 그늘막이 설치된 바 있다.

② 풍력에너지

풍력발전은 바람이 가지는 운동에너지를 블레이드(회전자)를 통해 기계적인 회전력으로 변환하고, 그 회전력으로 발전기를 돌려 전기를 생산하는 신재생에너지다. 즉, 에너지 변환과정을 통해 전력을 생산하는 것이다.

풍력에너지는 다른 신재생에너지원들과 같이 지속적으로 무제한 사용할 수 있고 공해물질 배출이 없는 청정에너지이다. 태양광 발전에 비해 출력 단위 면적이 1/4로 적으며, 연간 평균적으로 25%의 전력을 생산한다. 또한, 대규모 단지의 경우 발전단가가 비교적 낮고 상용화가 가능하며, 일부 지역의 경우 관광자원화가 가능하다는 장점이 있다. 다만 바람 환경이 좋지 않은 경우에는 발전이 힘들고, 소음 문제가 있을 수 있다는 단점이 있다.

우리나라는 바람세기가 일정치 않고 소음 문제를 해결하지 못해 풍력에너지 시장의 발전이 더딘 편이었다. 하지만 정부의 재생에너지 활성화 정책인 '재생에너지 3020 이행계획'을 통해 바람이 많이 부는 제주도를 중심으로 국내 풍력 보급이 점차로 확대되는 추세이다. 또한, 최근 육지가 아닌 해안에 풍력발전을 설치하는 '해상풍력발전'이 관심을 받고 있다. 우리나라에도 대표적인 곳으로 '탐라해상풍력발전단지'가 있다.

해상풍력은 영국, 중국, 독일을 중심으로 시장이 성장하였고, 세계 누적 설치량은 2020년 기준으로 35GW를 초과하였다. 현재 상업 운전 중인 국내 해상풍력은 총 3개 단지로 제주 탐라 30MW, 전남 영광 34.5MW, 전북 서남권 실증단지 60MW로 총 누적 설치량은 약 124.5MW이다. 정부는 '재생에너지 3020 이행계획'('17.12.) 및 '해상풍력발전 방안'('20.7.) 발표와 함께, 2030년까지 12GW의 국내 해상풍력 준공 목표를 수립했다.

③ 해양에너지

해양에너지는 해양의 조수·파도·해류·온도차 등을 변환시켜 전기 또는 열을 생산하는 에너지이다. 해양에너지는 크게 조력발전, 파력발전, 조류발전, 온도차발전 등 네 가지로 나눌 수 있다.

조력발전은 조석 간만의 차로 인해 해수면의 높이가 변하는 것을 이용한 방식이다. 조석 간만의 차는 바다의 높낮이를 변형시키고, 이 과정에서 위치에너지가 생산된다. 밀물에는 수문을 개방하여 저수지에 물을 저장하고, 물이 없을 때는 낙차시켜 에너지를 발생시키는 것이다. 조력발전은 초기 설치 비용이 많이 들지만, 한번 건설하면 연료가 들지 않고 공해물질이 나오지 않는다는 장점이 있다. 현재 우리나라에는 안산 시화호에 조력발전소가 설치되어 있는데, 세계 최대 규모로 연간 50만 명이 사용할 수 있는 전력량을 생산한다.

파력발전은 파도의 상하운동 에너지를 이용한 방식이다. 파도가 출렁일 때 운동에너지를 통해 공기에 압력을 가하게 되고, 공기가 압축되어 뿜어져 나오면서 전기가 생산되는 방식이다. 인근 환경에 영향을 줄 만한 대형 발전소가 필요하지 않고, 그 때문에 초기 비용도 상대적으로 저렴하다.

조류발전은 해수의 흐름에 발생한 운동에너지를 이용해 전기를 생산하는 기술을 말한다. 방파제를 설치하지 않고 바닷속에 설치한 터빈을 돌려 에너지를 생성한다. 조력발전과 비슷한 원리로 에너지를 생성하지만 방파제를 설치하지 않아도 되고, 어류의 이동을 방해하지 않는다는 점에서 환경친화적인 에너지로 평가받고 있다. 현재 우리나라에서는 전라남도 진도군 울돌목에 조류발전소가 설치되어 있다. 울돌목 조류발전소는 발전량이 약 1,000kW로 약 400가구가 1년간 사용할 수 있는 에너지를 생산하고 있다.

마지막으로 온도차발전은 수심에 따라 다른 바닷물의 온도 차이를 이용한 방식이다. 이는 열에너지를 기계에너지로 변환하여 전력을 생산하는 방식으로, 저온인 심층수와 상온인 표층수의 온도 차로 터빈을 돌리는 것이다.

해양에너지는 오염이 적은 무공해 청정에너지이며, 더불어 지구 표면의 70%가 바다이기 때문에 자원이 고갈될 문제가 없다는 점 또한 큰 장점이다. 특히 삼면이 바다로 둘러싸인 우리나라의 경우 해양에너지 자원이 풍부하며, 해안마다 특성이 있어 각기 다른 형태로 해양에너지를 이용할 수 있다.

④ 석탄가스화와 석탄액화: 공해 없이 석탄을 사용한다

이산화탄소와 황산화물 등 오염물질이 배출되어 공해가 발생하기 때문에 대부분 신재생에너지를 떠올릴 때 석탄이나 석유 등의 화석연료는 배제하기 마련이다. 하지만 석탄은 매장량이 풍부하고, 생산량이 어느 한 지역으로 편중되지 않아 장점이 많은 원료이기에 석탄을 공해 없이 사용할 수 있는 방법에 대한 연구가 계속되어 왔다.

석탄의 단점을 개선하고 장점을 살릴 수 있는 '석탄 가스화·액화' 기술이다. '석탄 가스화'는 높은 온도와 기압에서 석탄에 산소와 수소를 반응시켜 합성가스를 얻는 기술이다. 여기에 그치지 않고, 석탄을 이용해 만들어진 천연가스를 다시 일산화탄소와 수소가스로 이루어진 합성가스로 전환하게 되는데, 이를 '석탄 가스화 복합발전(IGCC: Integrated Gasification Combined Cycle)'이라 한다.

기존 화력발전 방식은 석탄을 직접 태워 열을 발생시킨 뒤 이를 에너지로 하여 증기터빈을 돌리지만, IGCC는 가스화기라는 설비에서 석탄을 불완전 연소시켜 가스를 생성하고, 이를 이용하여 터빈을 돌리는데 그 과정에서 생긴 배기열을 이용하여 증기터빈을 추가로 돌리게 된다.

그래서 같은 양의 석탄을 쓰더라도, 열에너지만 만드는 화력발전에 비해 가스와 열에너지를 만드는 IGCC가 더 효율적이다.

'석탄 액화'는 석탄이 지닌 운반과 처리 과정이 어려운 단점을 극복하는 기술이다. 석유의 장점에 착안하여 석탄을 액체 상태의 연료로 변환하는 기술이 바로 석탄 액화 기술이다. 석탄 가스화와 같이 석탄에 산소와 증기를 넣고 고온·고압에서 합성가스를 얻고, 이를 다시 액화시켜 정제해 각각 휘발유와 경유를 만들어 내는 것이다. 석탄 액화 기술은 높은 온도와 압력에서 석탄이 끊어지게 만든 후 수소를 부착하여 액화시키는 '직접 액화'와 석탄 가스화를 통해 합성가스로 만든 석탄을 촉매를 통해 액화시키는 '간접 액화'가 있다.

이러한 과정을 통해 액화된 석탄은 현재 석유가 쓰이는 곳에 모두 사용될 수 있다. 또한, 성분상 유해물질이 적기 때문에, 대기오염물질이 일반 디젤유에 비해 85%까지 저감된 친환경적인 연료이다. 액체 연료로 저장과 수송 등이 용이하고, 유가 변동에도 영향을 받지 않아 안정적이고 깨끗한 미래 에너지원으로 주목받고 있다.

⑤ 수소에너지·연료전지

수소에너지는 물, 유기물, 화석연료 등으로 화합물 형태로 존재하는 수소를 연소시켜 얻어 내는 에너지를 말한다. 수소에너지는 물의 전기분해로 쉽게 제조할 수 있으며 연소시켜도 산소와 결합하여 다시 물로 변하는 특징이 있다. 더불어 수소는 고압가스, 액체수소 등의 에너지로 활용할 수 있는 다양한 형태로 저장이 가능하며, 다시 물로 환원할 수 있어 미래의 지속가능한 청정에너지원이라 할 수 있다. 또한, 수소에너지는 생산과정에서 온실가스나 질소화합물 배출이 없으며 발전용, 주택 및 건물용, 수송용 등 에너지가 필요한 대부분의 분야에서 활용할 수 있어 미래를 책임질 새로운 에너지원으로 주목받고 있다.

현재 수소에너지는 연료전지 분야에서 가장 활발하게 연구되고 있다. 연료전지의 기본 원리는 전기를 이용해 물을 수소와 산소로 분해하는 것을 역이용하여 전기에너지를 얻는 것이다. 연료전지는 외부에서 계속 연료와 공기를 공급하여 전기에너지를 얻을 수 있어서 이 과정이 마치 엔진처럼 연료와 공기의 혼합물을 공급해 연소시키는 것과 비슷해 '연료전지'라고 불린다.

연료전지는 중간에 발전기와 같은 장치를 사용하지 않고, 수소와 산소의 반응에 의해 전기를 직접 생산하기 때문에 발전 효율이 높다는 특징을 지니고 있다. 수소나 메탄올, 개미산 등 연료전지에도 다양한 종류가 있고 연료나 전해질의 이름을 붙여 그 명칭을 짓는다. 수소 연료전지에서의 수소는 전해질의 역할을 한다.

세계적으로 수소 경제 활성화를 위해 움직임이 활발하게 이루어지고 있는 가운데, 우리 정부도 2019년 1월 수소 경제 로드맵을 발표한 바 있다.

⑥ 바이오에너지·폐기물에너지

바이오에너지는 버드나무, 고구마, 밀, 보리, 사탕수수, 옥수수 등의 식자재와 해조류, 광합성세균, 음식물 쓰레기, 축산폐기물 등의 유기성 폐기물에서 얻어지는 에너지를 말한다. 이러한 바이오에너지의 자원을 바이오매스라고 하는데 바이오매스는 동식물과 그로부터 파생된 모든 물질을 지칭한다.

1990년대 이후 바이오매스는 이산화탄소 감축에 도움이 되는 것으로 인식되면서 각광을 받고 있으며, 전기발전 관점에서 보면 미국에서 사용하는 재생에너지 중 수력 다음으로 2위를 차지하고 있다. 미국에 설치된 전체 용량이 약 7,000MW 이상이므로 매해 370억kWh의 전기를 생산하는 데 바이오전력의 80%가 주로 펄프와 종이와 연관된 산업 분야에서 생산된다.

유기성 폐기물은 밀과 벼 같은 농업부산물, 인간과 가축의 분뇨 등 생물에서 유래하는 탄소 원자를 함유한 유기물을 주체로 하는 폐기물을 말한다. 이를 산소가 존재하지 않는 혐기 조건에서 유기물을 분해하여 에너지를 얻는 것을 혐기 발효라고 한다. 이 과정을 거친 후 메탄가스가 발생하면 열원으로부터 공급된 과열 증기로 터빈을 돌려 전력을 생산한다. 바이오에너지로는 바이오알콜, 바이오가스, 바이오디젤, 바이오수소, 바이오코커스를 들 수 있다.

바이오에너지는 바이오매스를 에너지원으로 삼고 있어 고갈 위험이 적고, 화석연료에 비해 공해물질 배출이 적다. 또한 수송용 연료의 형태로 생산이 가능하여 대규모 운송이 용이하다. 하지만 바이오에너지는 식용식물을 주원료로 사용할 경우 원료 확보를 위한 넓은 면적의 토지가 필요하고, 자원량의 지역적 차이가 크다는 문제점이 있다. 또한 비용과 시간이 많이 소요되는 생산과정 또한 단점으로 꼽히고 있다.

현재 선진국은 바이오에너지의 비중을 더 높여 가고 있다. 미국은 알코올을 활용한 바이오에너지로 공급하는 에너지의 양이 이미 원자력과 비슷한 수준에 도달해 있으며 차량 연료에 일정 비율로 바이오에너지를 포함하도록 법제화되어 있다.

3. 신재생에너지의 허와 실

1) 에너지믹스 현황

우리나라의 2019년도 발전설비 비중은 125GW로 지난 2010년 76GW
와 비교해 10년 만에 65%가 증가했으며, 총 발전 설비 규모는 세계
10위 수준으로 나타났다.[1] 연료 원별 발전 비중은 LNG(32%), 석탄(30%),
원자력(19%), 신재생에너지(13%)이고, 신재생에너지 전체 15.8GW는 태
양광(67%), 풍력(10%), 일반 수력(10%), 바이오/매립가스(6%)로 구성되어
있다.[2]

2019년도 발전량 비중으로 보면 석탄(40%), 원자력(26%), LNG(26%), 신

[그림 2-2-4] 제9차 전력 수급 기본계획

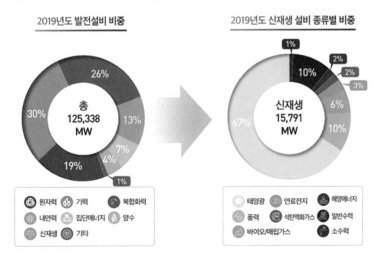

---

1 미국 EIA 2017년 자료 참조.
2 산업통산자원부, 「제9차 전력 수급 기본계획」(2020.12.28.) 참조.

[그림 2-2-5] 에너지원별 발전량 비중

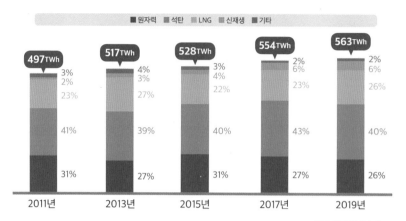

출처: 한국전력통계, 2019

재생에너지(6%) 순으로 신재생에너지 비율은 저조한
실정이다.

2) 제주특별자치도의 사례

2020년 제주특별자치도의 에너지 발전량은 제주도
내 LNG 복합 등 화력발전이 54%, 본토에서 해저연계
선 29.8%이고, 자체 신재생에너지 비율은 16%로 우리
나라 평균 6%의 2.7배이며, 이중 태양광(53.3%), 풍력
(42.6%), 폐기물(3.0%), 바이오와 수력발전 등으로 구성
되어 있다.

그런데 태양광, 풍력 등 신재생에너지의 간헐성으
로 전력망의 안정을 위해 발전출력제약(curtailment)을
해야 함에 따라, 제주는 2020년 발전출력제약 77회

신재생에너지 간헐성
풍력이나 태양광 등에
서 발전량이 풍량과 일
조량 등에 좌우되는 문
제를 일컫는 말.

(19.5GW)로 제주 전체 신재생에너지 발전량의 3.3%인 30억 정도의 손실을 봤으며, 2021년에는 200회 정도의 발전출력제약이 예상되어 이에 대한 국가 차원의 대책이 필요한 실정이다.

3) 신재생에너지의 간헐성 대비책

이러한 신재생에너지의 간헐성에 따른 발전출력제약 문제를 해결하기 위해 에너지 저장, 에너지 전송, 에너지 제어, 에너지 관리. 에너지 전환 등에서 다양한 노력을 전개하고 있다. 특히 스마트시티 챌린지의 규제 샌드박스를 활용(2021년 6월, 국가스마트시티위원회)하여 에너지 생산자와 사용자가 직접거래를 할 수 있는 에너지직거래, 남는 에너지를 저장하는 에너지저장 장치(ESS), 전기차를 에너지 저장 장치로 활용하는 V2G(Vehicle to Grid), 전기차 폐배터리를 ESS로 활용, 신재생에너지를 통합 운영하는 최적화된 에너지 관리로 DR(Demand Response, 수요관리), VPP(Virtual Power Plant, 가상발전소) 등을 운영 또는 계획하고 있으며, 남는 에너지를 육지로 전송하는 HVDC(High Voltage Direct Current, 초고압직류송전)하는 것과 저장된 미활용 전기에너지를 타 에너지로 전환하는 P2G(Power to Gas, 그린수소) 등도 그린뉴딜 차원에서 진행되고 있다.

국내의 안정적인 전력망을 위한 분산형 전원 활성화는 수도권의 전력소비-공급 간 불균형 해소를 위해 적극 검토되어야 하는바, 집단에너지, ESS, VPP 등 도입으로 지역 내 분산에너지 역량을 강화해야 할 것이다. 기존 중앙집권적 공급구조의 한계를 극복하고, 각 지역에 적합한 에너지 대응을 위해 지역별 에너지 자립 강화가 중요하고, 지역 단위의 분산에너지 특구 지정 및 마을 단위 마이크로 그리드 등을 통해 지역 단위 분산

[그림 2-2-6] 발전출력제약 해결대책

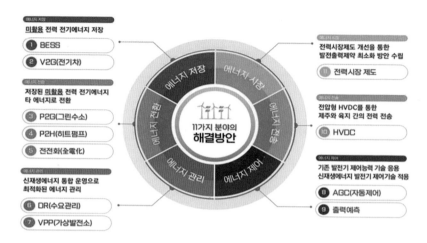

에너지 시스템 구축을 위한 실증사업 등을 제주특별자치도 차원에서도 논의하고 있다.

4. 차세대 유망 에너지 기술

1) 차세대 에너지원 관련 신기술

① 핵융합에너지

핵융합 반응에서 질량이 줄면서 나오는 막대한 에너지가 핵융합 에너지다. 이는 우라늄 또는 플루토늄 핵이 분열하면서 내는 에너지를 이용하는 원자력발전과는 반대되는 물리현상이다.

핵융합은 바닷물에 풍부한 중수소와 흙에서 쉽게 추출할 수 있는 리튬을 이용해 생성한 삼중수소를 원료로 사용한다. 즉, 중수소와 삼중수소

제2부 물-에너지-식량의 넥서스

가 핵력에 의해 서로 융합할 때 헬륨이 만들어지면서 나오는 에너지이다. 이는 온실가스나 고준위 방사성 폐기물 배출이 없어 청정에너지로 기대받고 있다.

태양에서도 핵융합이 일어나고 있는데, 핵융합이 일어날 수 있는 이유는 태양의 내부가 약 1억℃ 이상의 플라즈마 상태이기 때문이다. 따라서 핵융합발전을 위해서는 약 1억℃ 이상의 매우 높은 온도를 감당할 수 있는 장치로 핵융합 장치를 사용하며, 이를 '인공태양'이라 부르기도 한다.

핵융합에너지는 핵분열을 원리로 하는 원자력발전처럼 고준위 방사성폐기물 배출이 없다. 물론 저준위 방사성폐기물이 일부 발생하지만, 반감기가 빨라 (12~13년) 핵분열에너지보다 훨씬 안전하다. 또한, 생산한 모든 삼중수소가 발전소 내에서 빠르게 연소되기 때문에 핵융합발전에서 방사성 연료를 발전소로 이동시키거나 배출할 필요가 없어 미래 청정에너지로서의 기대를 한 몸에 받고 있다.

② 신재생에너지 하이브리드 시스템

세계적으로 신재생에너지가 지속적으로 성장하고 있지만, 화석연료에 비해 낮은 효율성과 높은 비용은 여전히 큰 문제로 자리 잡고 있으며, 이러한 문제를 극복하기 위해 떠오르고 있는 것이 바로 '신재생에너지 하이브리드 시스템'이다.

핵융합
수소와 같은 가벼운 원자핵들이 반발력을 이기고 무거운 원자핵으로 융합하는 과정에서, 감소된 질량만큼 에너지를 발생시키는 현상.

핵분열
우라늄과 같은 무거운 원소의 원자핵이 중성자와 충돌하여 가벼운 원자핵으로 쪼개지는 현상으로 이 과정에서, 감소된 질량만큼 에너지를 발생시키는 현상.

플라즈마
자유롭게 운동하는 (+), (-) 전하를 띤 입자가 중성 기체와 섞여 전체적으로 전기적 중성인 상태.

신재생에너지 하이브리드 시스템이란 신재생에너지를 포함한 둘 이상의 에너지 생산 시스템과 에너지 저장 시스템을 결합해 전력, 열, 가스를 공급·관리하는 시스템을 말한다. 즉, '태양광 + 풍력+ 에너지 저장 장치'처럼 2개 이상의 신재생에너지를 조합하여 지역적 특성에 맞춰 친환경 에너지를 공급하는 융복합 에너지 공급 시스템이다.

기존의 신재생에너지 하이브리드 시스템은 단순한 조합 형태를 보였으나 최근에는 ICT 융합 플랫폼을 통해 수요 맞춤형 에너지 공급이 가능해지면서 에너지 손실이 최소화될 수 있는 최적의 조합을 지닌 시스템으로 발전할 것으로 기대되고 있다. 신재생에너지 하이브리드 시스템은 에너지 결합 방식에 따라 크게 다음의 3가지 유형으로 구분된다.

① 신재생에너지 발전과 에너지 저장 장치가 결합된 형태
② 서로 다른 특성을 지닌 신재생에너지가 결합된 형태
③ 기존의 화력발전과 신재생에너지가 결합된 형태

아일랜드 케리 카운티의 섀넌강 주변에 설치된 13기의 풍력터빈은 총 37MW의 발전 용량을 갖추고 있으며, 각 풍력터빈의 타워 바닥에는 소형 자동차 크기의 리튬이온 배터리가 설치되어 있다. 부산 수영구에서도 태양광과 풍력을 활용한 '하이브리드 LED 도로명판'을 망미역 교차로에 설치한 바 있다.

③ 소형 모듈 원자로
탄소 배출이 없고 일반 원전보다 안전성이 높은 미래 에너지원으로 소

형 모듈 원자로(SMR: Small Modular Reactor)가 각광받고 있다. SMR이란 기존의 대형 원자력발전소와 달리 주요 기기를 하나의 용기에 일체화한 소형 원자로로 전기출력이 300MW 이하, 대형 원전의 150분의 1 크기를 가진 원자로를 말한다.

SMR은 모듈 형태로 설계, 제작되기 때문에 대형 원전에 비해 건설 기간이 짧고 비용도 저렴하여 경제성이 우수하다. 또한 대형 원전 같은 경우에는 주로 해안 근처에 건설이 되지만, SMR은 수동 냉각 방식을 적용함으로써 발전용수가 적게 들어가기 때문에 내륙 건설이 가능하다는 장점이 있다. 또 다른 장점으로는 일조량과 날씨의 영향으로 에너지 공급이 일정하지 않은 신재생에너지를 보완하는 에너지원 역할을 할 수 있기 때문에 탄소중립 달성의 핵심 기술로 꼽히고 있다.

SMR은 대형 원전에서 볼 수 있는 배관이 없어 원전사고에서 가장 흔한 파이프 균열에 의한 냉각재 유실사고의 위험성을 제거해 안전성을 높였다.

[그림 2-2-7] 대형 원전과 소형 모듈 원자로의 내부 비교도

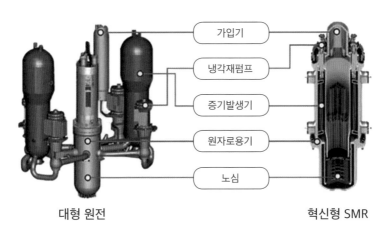

가입기	
냉각재펌프	
증기발생기	
원자로용기	
노심	

대형 원전　　　　　　　　　혁신형 SMR

한국을 포함한 많은 국가에서 총 71종 이상의 SMR이 개발 중으로, 미국 17기, 러시아 17기, 중국 8기, 일본 7기, 한국 2기 등 미국과 러시아가 기술 개발을 주도하고 있다. 우리 정부는 2030년까지 4000억 원을 투입, 한국수력원자력 주도로 한국형 혁신 소형 모듈 원자로를 뜻하는 'i-SMR'을 상용화하고 수출에 나선다는 방침을 발표한 바 있다.

④ 에너지 하베스팅

냉장고와 같은 가전제품에서 나오는 열, 산업 현장의 발전기나 자동차에서 발생하는 진동 등 무시되는 작은 에너지를 모아 전기를 생산할 수 있는 기술을 '에너지 하베스팅(energqy harvesting) 기술'이라고 한다. 즉, 버려지는 에너지를 모아 전기를 만드는 것이다.

에너지 하베스팅의 종류에는 신체에서 발생하는 체온, 정전기, 운동에너지 등을 사용한 신체에너지 하베스팅, 태양광을 이용하는 빛에너지 하베스팅, 진동이나 압력을 가해 압전 소자를 발전시켜 얻는 진동에너지 하베스팅, 일반 산업 현장에서 발생하는 폐열을 이용한 열에너지 하베스팅, 스마트폰 전 및 방송 전파 등의 전자파를 이용하는 전자파에너지 하베스팅, 수력발전소의 방수구 등에서 발생하는 소량의 위치에너지와 운동에너지를 이용하는 위치에너지 하베스팅, 도로의 과속 방지턱 등에 공기 압력 펌프를 설치하여 공기를 압축하고 이를 에너지로 만드는 중력에너지 하베스팅 등이 있다.

이스라엘에서는 에너지 하베스팅 기술을 도로와 철도, 공항 활주로에 적용하여 도로를 통과할 때마다 발생하는 압력, 진동에너지로 신호등, 철도 차단기, 가로등에 전력을 공급하고 있다. 또한, 영국의 페이브젠은 브라질 리우데자네이루의 빈민가에 운동에너지를 전력으로 바꾸어 불을 밝힐 수 있는 축구장을 건설하여, 낮 동안 축구장에서 발생한 운동에너지를 모아 밤에 가로등의 전력으로 사용하고 있다. 국내에서는 SK에너지가 공장에서 버려지는 폐열 증기를 공장 가동에 사용하여 온실가스 감축을 하고 있다.

에너지 하베스팅은 전자기기에 필요한 에너지를 스스로 생산해 사용하기 때문에 다른 에너지와 달리 중앙의 충전소와 관계가 없고, 배터리와 전선 없이 주변의 에너지만으로 기기를 작동할 수 있다는 장점이 있다.

2) 에너지 저장 기술

① ESS 시스템

에너지를 미리 저장했다가 필요한 시간대에 사용할 수 있는 시스템인 ESS(Energy Storage System)는 피크 수요 시점의 전력 부하 조절이 가능하여 발전 설비에 대한 과잉 투자를 막을 수 있으며, 갑작스러운 정전 사태에도 안정적인 전력 공급이 가능하다. 또한 ESS는 전기요금을 아끼는 데도 사용되고 있는바, 산업체에서 값이 싸고 수요가 적은 야간 전기를 충전하여 낮 동안 사용하는 데 ESS를 활용하고 있다.

현재 미국은 전력 계통형 대형 ESS와 주거용 ESS를 통해 실증사업을 진행하고 있다. 캘리포니아주는 2010년 에너지 저장 시스템 설치를 의무화하는 '캘리포니아 에너지 저장 법안(AB2514)'를 제정했으며, 캘리포니아주 전력회사는 2024년까지 1.3GW의 ESS를 설치하기로 결정하였다. 일본 역시 2011년 동일본 대지진 이후 원자력발진의 가동을 중단하고, 비상시를 대비해 ESS 사업에 적극적인 지원을 아끼지 않고 있다.

최근에는 전기자동차를 활용한 ESS로 V2X(Vehicle to Everything) 등 다양한 분야에 활용되고 있다.

② P2G(Power to Gas) 기술

P2G는 에너지 저장 기술 중 하나로 남은 전력을 이용해 수소, 메탄을 생산하고 저장하는 기술이다. 신재생에너지의 전력 수급 불안정성의 보완을 위해서 P2G를 적절하게 사용할 수 있고, 신재생에너지를 전력으로 바꾸는 데는 수전해 기술과 이산화탄소 메탄화 기술이 활용된다.

수전해 기술이란, 수증기를 주입한 다음 물을 전기분해하여 수소를 만들어 내는 기술이며, 이렇게 만들어진 수소를 수소차와 같은 수송 분야, 연료전지, 가스 터빈 등 발전 분야의 연료 형태로 변화시키는 기술이 이산화탄소 메탄화 기술이다. 수전해 과정을 통해서 만들어진 수소를 이산화탄소와 반응시키면 천연가스의 주요성분 중 하나인 메탄으로 전환할 수 있다. 이산화탄소 메탄화 기술은 이산화탄소를 재활용하는 기술로 온실가스 배출을 줄이면서 경제적으로도 활용할 수 있어 친환경·저탄소 미래 에너지로 주목받고 있다.

P2G 연구개발이 가장 활발한 곳은 유럽으로, 독일 정부는 오는 2050년까지 재생에너지 비율을 80% 가까이 높일 계획이다. 잉여 재생에너지를 수소로 바꿔 향후 재생에너지 수급이 불안정해질 때 사용하겠다는 계획으로, 수소로 바뀐 에너지는 수소연료전지차(HFCV)의 연료 등으로 활용할 수 있다.

③ 차세대 전력망 마이크로 그리드

정보통신기술(ICT)을 접목한 차세대 전력망인 친환경 '스마트 그리드

제2부 물-에너지-식량의 넥서스

(smart grid)'가 각광받고 있는바, 이 스마트 그리드는 기존의 공급자 중심의 단방향 전력망, 대규모 발전소 위주의 중앙집중형 전력 공급 방식에서 탈피한 분산 에너지원으로 에너지의 공급과 수요를 관리하는 방식이다. 특히, 태양광, 풍력, 수력, 지열 등과 같은 신재생에너지 및 ICT 접목 등을 통해 전력 생산과 소비 정보를 양방향·실시간으로 주고받을 수 있어, 이를 통해 확보한 전력 정보를 이용하면 각종 환경이나 상황에 맞춰 에너지 이용효율을 최적화할 수 있을 뿐만 아니라, 남는 전력을 ESS에 저장해 개별적으로 판매하거나 부족할 경우 구매도 가능하게 된다. 이러한 스마트 그리드를 소규모, 소지역의 특성에 맞게 적용한 시스템을 '마이크로 그리드(micro grid)'라 한다. 즉 소규모 지역에서 전력을 자급자족할 수 있도록 한 작은 단위의 스마트 그리드 시스템으로, 일반적인 스마트 그리드와 달리 발전원과 소비자의 거리가 가깝고 적용 규모가 작아 별도의 송전 설비가 필요하지 않으며 여러 개의 분산된 전원을 사용해 안정적인 전력 공급과 효율적인 전력 관리가 가능하다.

미국은 발전소와 멀리 떨어져 있어 전력 손실 위험이 큰 도서 지역과 자연재해가 잦아 전력 공급이 중단될 수 있는 지역 등에 마이크로 그리드를 구축해 사용하고 있다. 일본은 각종 자연재해로 인한 전력 공급 중단에 대비하여 소규모 전력 공동체 구축을 위해 마이크로 그리드를 사용하고 있고, 중국은 송배선 설비 설치를 위해 도서 지역에 도입했다. 국내 마이크로 그리드는 제주 가파도, 전남 가사도와 같은 육지와 전력 계통이 분리된 도서 지역에 구축되어 있으며, 2015년 서울대학교에 구축되면서 도심에 최초로 마이크로 그리드가 구축되었다.

한국의 경우 전기료가 상대적으로 저렴한 편이라 마이크로 그리드를 통한 비용 절감 효과가 미비해 사용 확대에 한계가 있다. 하지만 동남아시아 등 섬이 많은 지역에는 마이크로 그리드의 효과가 극대화된다.

3) 에너지 관리 기술

① DR(Demand Response) 수요 관리

수요 반응(DR)은 '아낀 전기만큼 전기 사용자에게 돈으로 돌려주는 제도'로, 실제 기업들은 용량 발굴과 감축 관리를 하는 수요관리사업자를 통해 DR 시장에 참여, 피크 감축 DR과 요금 절감 DR 방식으로 전력을 아끼고, 정산금(기본급과 실적금)을 받는 것을 말한다. 이를 통해 전력 수요를 전력 피크 시간대에서 피크가 아닌 시간대로 옮길 수 있으면, 전력 수요를 평탄화할 수 있고 연중 단 몇 시간 동안 나타나는 피크 수요에 대응하기 위해 신규 발전소를 건설해야 하는 것을 줄일 수 있다. 특히, 디지털기술 발달로 각각의 설비들의 전기사용량을 실시간 측정하고 제어하는 것이 가능해지면서 미국 등 선진국에서는 안정적인 전력 수급을 위해 전력 수요를 관리하는 방안으로 적극 활용하고 있다.

DR 시장이 개설되면 특히 동·하계 전력 피크 시기에 유용한 자원으로써 전력 수급을 안정시키는 역할을 할 수 있으며, 실제로 2021년 7월 기

[그림 2-2-8] DR 관리 체계도

신뢰성 DR 수요시장의 거래 절차

전력거래소

① 감축지시

③ 감축량 확인 및 정산금지급

수요관리사업자

② 감축요청

④ 정산금분배

상업시설　교육시설

공장　아파트

수요자원

제2부 물-에너지-식량의 넥서스

준으로 30개의 수요관리사업자가 5,154개 참여 기업(총 4.65GW)을 등록시켜 운영 중에 있다.

② 가상발전소 VPP(Virtual Power Plant)

VPP는 소규모 분산자원의 전력시장 참여 및 전력 계통 운영 기여를 목적으로 모집된 분산자원 집합을 의미한다. 소규모 태양광발전소를 통합하여 발전량의 예측능력 강화로 불확실성을 해소하고, 전압 제어, 예비력 제공 기능을 제공하는 VPP의 필요성이 증대하고 있는 실정이다. 즉 태양광, ESS, DR 등이 통합된 새로운 형태의 분산자원 통합하여 새로운 발전소를 만들어 운영할 수 있다.

정부 차원에서도 기후변화에 대응하고 탄소중립을 달성하기 위해 분산자원의 보급 확대를 추진하고 있으며, 3차 에너지 기본계획을 통해 분산자원 확대를 중점과제로 확정하고, 5차 신재생에너지 기본계획 및 9차 전력 수급 기본계획을 통해 신재생 확대 목표를 수립하고 있다. 9차

[그림 2-2-9] 가상발전소 운영 개념도

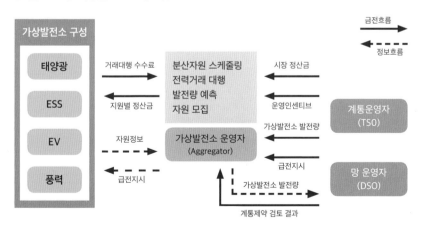

전력 수급 기본계획에서는 신재생 설비 용량은 2034년까지 84.4GW(자가용 4.4GW 포함)로 증가하고 신재생 발전량 비중은 25.8%에 달할 것으로 예상하고 있다. 가시성이 부족한 소규모 분산자원을 효율적으로 운영하기 위해 VPP의 역할이 점차 중요해질 것이다.

3장

식량 안보: 안정, 안전, 균형의 트라이포드

김두호(농촌진흥청)

김상남(농촌진흥청)

윤종철(농촌진흥청)

이홍금((전) 한국해양과학기술원 부설 극지연구소)

한미영(배재대학교)

Giuseppe Arcimboldo, 〈Autumn〉, c. 1580-1600

1. 식량 주권의 시대: 안정적 확보

1) 먹거리의 탄생

사람이 생존하고 사람답게 살기 위한 먹거리로 식량은 매우 중요하다. 원시 인류는 사냥과 야생식물 채집으로 식량을 구했다. 그러나 1만 1천 년 전부터 야생식물 중에서 이용과 재배가 편리한 것을 어떤 지역의 환경 조건에서 재배를 거듭하면서 인류가 원하는 방향으로 특성이 변화되는 재배화(栽培化, domestication)과정을 거쳐 재배식물, 즉 작물이 된 것이다. 재배화된 작물의 수량이 급격하게 증가한 것은 20세기로서, 다양한 육종 기술과 재배 기술의 발전에 힘입어 먹거리, 즉 식량 생산이 비약적으로 증가하였다.

식량이란 인간이 생존을 위하여 필요한 먹거리를 말하는데, 좁은 의미로는 사람이 먹는 쌀·보리·콩·조·수수와 같은 곡물을 일컫고, 넓은 의미로는 생존에 필요한 열량을 공급하는 모든 먹거리를 말한다. 식량에서 가장 중요한 문제는 식량의 안정적 확보이며, 이는 식량 자급률로 나타난다.

재배화

인류는 오랜 채집 생활을 통하여 독성이 없고 영양이 풍부하며 저장성이 우수한 야생식물을 선택해 키우기 시작하였는데, 이를 재배화라고 하고 재배화된 식물을 작물이라고 함.

식량 자급률

한 나라의 전체 식량소비량 중에서 자국 내 생산량이 차지하는 비율. 국민이 생존에 필요한 각종 영양소를 나라 안에서 제공할 수 있는가를 나타내는 지표.

식량 자급률이 높은 국가들은 식량을 경쟁국과의 군사, 무역 등의 협상 카드로 이용하는 사례가 증가하고 있어 정치, 경제, 사회적으로 식량 자급의 중요성이 더욱 높아지고 있다. 예를 들자면 2008년 식량위기 시, 자국의 식량 안보를 지키기 위해 주요 쌀 수출국인 중국과 베트남은 수출을 규제하였다. 필리핀에서는 쌀 수입이 어려워지자 쌀을 구입하려는 사람들 사이에 충돌이 발생하여 식료품 판매 상점에 군대를 배치하는 등 국가적 폭동에 대비하기도 하였다. 또한, 전 세계적인 식량 가격 폭등으로 인한 물가 폭등으로 정권이 붕괴된 튀니지에서 일어난 재스민 혁명과 이집트에서 일어난 로제타 혁명은 과거와 현재를 불문하고 식량부족이 사회 혼란과 국가 존망으로 이어지는 것을 보여 주는 대표적인 사례이다.

식량의 수요와 공급의 불균형, 생산과 공급의 불규칙성, 자국 식량의 안전한 공급을 위한 수출입 규제, 최근의 신종 코로나바이러스 감염병에 따른 물류 이동의 제한 등 다양한 요인들이 식량위기에 대한 불안감을 증폭시키고 있다.

2) 식량위기의 도래 가능성

식량위기의 첫 번째 원인은 지구온난화에 따른 생산량 감소이다. 2010년에는 세계 3대 곡물 수출국인 러시아에서 가뭄으로 곡물 재배면적의 30%(1330만ha)가 피해를 입었다. 2012~2013년에는 맥류의 주 생산지인 러시아와 중앙아시아에서 한파·고온·가뭄으로 밀과 보리의 생산량이 24% 급감하였다. 미국과 캐나다에서는 고온·가뭄으로 옥수수와 콩의 생산량이 각각 13%, 3% 감소하였다. 호주에서는 저온과 가뭄으로 밀의 생산량이 전년 대비 24%, 보리는 9%가 감소하였다. 유럽연합(EU)에서는 강수량 부족·냉해로 밀, 옥수수의 생산량이 감소해 세계 식량 수급에 영향을 끼쳤다. 2020년 폴란드, 체코 등의 동유럽 지역에서 100년 만의 최악의 가뭄으로 유럽 최대의 밀·옥수수 재배지가 대흉작을 겪었다. 이와 같은 사례를 볼 때, 우리나라도 기후변화에서 안전지대는 아니다. 최근 100년간 우리나라의 기온은 지구 평균온도 상승보다 2배 이상 높은 수준인 1.7℃가 증가하여 다양한 대규모의 기상재해가 발생하기 시작하였다. 2020년에는 역대 최장의 장마와 호우·태풍으로 쌀, 채소류의 생산이 감소하였다.

둘째는 곡물의 소비 스펙트럼 확대이다. 최근 중국과 인도 등 신흥국의 경제가 성장함에 따라 곡물과 육류 소비도 폭발적으로 증가하고 있다. 축산물 1kg를 생산하기 위해 필요한 곡물량(옥수수 기준)은 계란의 경우 3kg, 닭고기 4kg, 돼지고기 7kg, 소고기 11kg 정도다. 또한 선진국에서 환경 문제를 해결하기 위한 바이오에너지의 이용이 증가해, 식용이 아닌 바이오에탄올의 연료로 사용되는 작물의 재배면적이 세계적으로 확대되고 있는 점도 식량 부족을 불러오는 요인이다.

셋째는 나라별 식량 생산과 수요의 불균형에 있다. 2020년에는 코로나19(COVID-19)가 글로벌 팬데믹 단계에 접어들면서 먹거리 공급에도 그림자가 드리워졌다. 감염병 확산을 막기 위한 국가 간의 이동 제한은 세계 곳곳에서 자국의 식량 안보를 명분으로 물류 이동에 영향을 주었다. 그 결과, 수출과 수입으로 농산물을 주고받던 평소와는 달리 자국 내에서 자급자족해야 한다는 위기감에 식료품을 포함한 생필품 사재기 현상이 나타났다. 결국에는 베트남 등 일부 동남아 국가와 러시아, 서남아시아를 중심으로 식량 수출 제한 움직임도 있었다. 유엔식량농업기구(FAO)

는 코로나19 확산으로 곡물 공급체계 혼란에 대해 경고했으며 코로나19 이후 각국이 문을 걸어 닫으며 극빈국과 개발도상국 중심으로 식량위기가 시작될 것이라고 분석하였다.

3) 미래 식량위기, 선진국의 다양한 식량 안보 정책과 전략

식량은 국가의 지속 가능한 발전을 위한 필수적인 요소이다. 유엔식량농업기구(FAO)는 2050년 세계인구가 97억 명이 될 것이며, 인구증가로 인해 식량은 현재보다 1.7배가 더 필요할 것으로 전망하고 있다. 현재 세세 평균 곡물 자급률은 102%이나, 우리나라의 곡물 자급률은 24%로 매우 심각한 수준이다. 국가별로 살펴보면, 2019년을 기준으로 미국 133%, 호주 275%, 프랑스 168%, 캐나다 174%로 100% 이상의 자급을 확보하며 잉여 농산물을 수출하고 있다. 하지만 기후변화나 코로나19로 인해 미국, EU, 중국, 일본 등 선진국을 중심으로 신보호무역주의가 급격히 확산되고 있다는 점은 에너지와 식량 대부분을 외국에 의존하는 우리에게 시사하는 바가 크다.

선진국에서는 자국의 식량 안보를 위해 다양한 노력을 펼치고 있다. 미국은 '글로벌 식량 보안법(Global Food Security Act)'을 제정하여 농업의 연구개발, 소규모 농가 생산 등을 지원한다. 또한 미국의 국제 재해 지원과 비상식량 안보프로그램을 수립해 해외 원조 지원 기관의 역할을 조정한다. EU는 1957년부터 농업 및 식량 안보에 대한 공동 농업정책(Common Agricultural Policy)을 통해 회원국의 농가소득보존, 경쟁력 강화, 농촌 지역 유지 및 농산물시장 관리 등을 공동으로 추진하여 식량 자급률을 꾸준히 높이고 있다. 일본은 곡물 자급률이 우리나라와 비슷하지만 식량 안보는 국내 생산을 기본으로 하면서, 수입과 비축을 적절히 조합하여 활용한다는 원칙을 정해 두고 있다. 즉, 식량 자급률 50% 유지를 목표로 최대한 국내 생산을 장려함과 동시에 부족한 곡물을 보충하기 위해 민간과 국가가 협력하여 민간의 해외농업 개발을 적극 장려하고 해외 곡물의 안정적 반입에 필요한 곡물 조달 시스템을 운영하고 있다. 또한 40년 전부터 운영 설립해 온 곡물회사(젠노)와 종합상사(미쓰비시 등) 등이 곡물을 수입해 일본으로 공급한다. 일본 농산물업체인 가이아링크스는 아르헨티나에서 콩과 옥수수를 생산하여 모두 일본으로 보내고 모니터링을 통해 유사시 대응 매뉴얼을 구체화하고 있다.

세계 최대 곡물 수입국인 중국은 식량 안보를 위해 자급자족을 원칙으로 국내 보유자원과 수급구조, 교역 등을 종합적으로 고려하여 전략을 마련하고 있다. 국제 곡물 가격이 급등하자 안정적인 곡물 확보를 위해 국내생산이 부족한 부문은 직접적인 해외 농업 투자로 해결하고 있다. 특히 중량그룹은 2015년 세계 굴지의 농식품업체인 네덜란드 니데라와 아시아 최대 곡물유통 노블농업을 인수 합병하였고 중국 정부는 2016년에 신젠타를 매입하여 미래 식량 안보에 발 빠르게 대응하고 있다.

우리나라도 2018년 농업·농촌·식품발전을 위한 5개년 계획을 수립하여 2022년까지 식량 자급률

신젠타
식물 종자와 농약 등을 판매하는 농업 전문 기업으로, 2016년 중국 화공그룹에 인수된 뒤 2000년 유럽 제약업체인 '노바티스'의 작물 보호와 종묘 사업부 '아스트라제네카'의 농약 사업부가 각 회사에서 분리되어 합병해 설립된 농업생명공학기업으로, 미국 콩 종자의 10%, 옥수수 종자의 6%를 공급, 농업용 화학약품 분야 세계 1위, 종자·생명공학 분야 세계 3위의 거대 기업.

[그림 2-3-1] 2019년 주요국별 식량 자급률

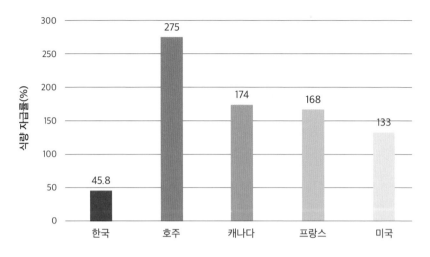

55.4%, 곡물 자급률 27.3%, 주식 자급률 63.3%(쌀 98.3%, 보리 36.3%, 밀 9.9%)의 목표를 달성하기 위해 정책을 추진하고 있다.

　이러한 식량 안보 정책을 지원하기 위해서는 농업과학기술 연구개발이 중요한 역할을 담당해야 할 것이다. 종자는 농업의 시작이자 끝이다. 특히 "종자로부터 농업은 시작되고 농업 활동의 결실은 종자로부터 마무리된다"라는 말처럼, 품종개량 연구는 한 나라의 식량 자급이 선진국 또는 다국적 종자기업에 종속되는 것을 방지할 뿐만 아니라 식량 주권을 지키기 위해서도 중요하므로 지속적인 연구개발(R&D) 투자가 필요하다.

　수산양식 역시도 인구증가에 대비한 생산 문제에 봉착해 있다. 강과 호수 등의 담수와 바다에서 생산된 동식물은 전통 고급 단백질원으로 선진국 중심으로 소비량이 대폭 증가했다. 바다에서 생산되는 식량자원은 연간 약 1억t 안팎이며 어업 생산량이 양식 생산량에 비해 훨씬 많지만, 양식 생산량은 점차 증가하는 추세다. 다른 나라에 비해 광범위하게 해산물을 먹거리로 활용하는 우리나라의 경우 1인당 수산물 소비량은 유엔식량농업기구가 발간한 '세계수산양식현황(SOFIA)'에 따르면 2013~2015년 기준 58.4kg으로 세계 1위를 차지하였으며 2019년에는 69.8kg으로 증가 추세이다. 이처럼 수산물 소비가 늘어난 것은 수산물이 건강식품으로서 소비자의 선호가 높아졌기 때문이라고 분석된다.

2010년 이후 수산물의 국내 소비량과 국내 생산량 및 수입량 모두 증가세이며 지난 10년간 **양식**은 33.7%에 달하고 있다. 우리나라의 전체 수산물 생산량은 2019년 382만t이며 2030년에는 412만t 생산을 목표로 하고 있다. 그러나 어류 양식은 현재 8.5만t에 불과하다. 그 이유는 양식 경영비가 급증하고 소비 트렌

양식

인공시설에서 부화를 통해 새끼를 낳게 하고, 성장하면 다시 부화하는 단계까지 기르는 과정.

[그림 2-3-2] 수산물 소비량과 자급률 추이

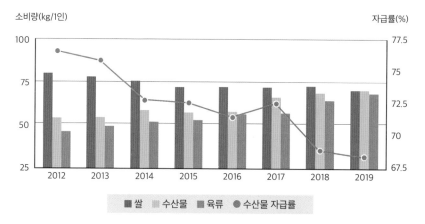

출처: 한국농촌경제연구원

[그림 2-3-3] 수산물 수급 및 1인당 수산물 종류별 소비량 추이

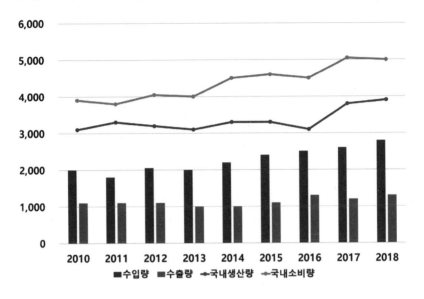

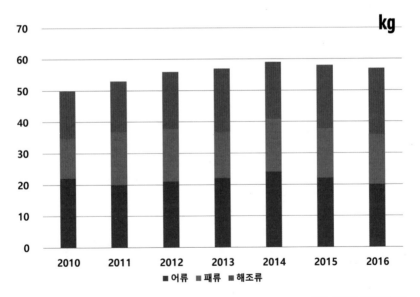

출처: 통계청, 국가통계포털

드 변화로 외국산 선어와의 경합에서 소외 현상 심화되었기 때문이다. 예로 넙치 생산액은 2016년 5300억 원에서 2019년 4300억 원으로 감소한 반면, 연어 수입액은 2016년 2500억 원에서 2019년 3600억 원으로 증가하였다. 또한 평균 폐사율 20%로 질병 확산 시 폐사율이 30~50% 수준까지 상승하는 만성적인 문제로 양식산업의 경쟁력이 저하되고 있다.

4) 식량 안보, 선진국을 향한 전략

우리나라의 식량위기에 대응하기 위해서는 우리나라 맞춤형 전략을 마련하는 것이 무엇보다 필요하다. 식량 자급률 향상을 위해 국내 곡물 생산량을 확대하며 기상변화에 대응할 수 있는 연구개발을 강화하고 외국에서 수입하는 곡물량을 축소해야 한다. 국내 생산량 확대를 위해서 주식인 쌀은 자급을 원칙으로 하고, 노지(露地) 디지털 농업 기술 개발을 통해 밀, 콩, 옥수수 등 자급이 낮은 품목의 재배환경을 개선함으로써 생산성을 증대시켜야 할 것이다. 최근 기후변화로 고온, 가뭄, 홍수, 태풍, 병해충 등 곡물 생산량이 감소할 요인이 증가하고 있어 자연재해에도 작물에 피해를 최소화하고 안정적인 식량 생산이 가능한 연구개발을 강화해야 한다. 또한, 국내에서 소비되는 사료의 80% 이상은 수입산이다. 이를 줄이기 위하여 식물성 고기 개발과 같은 다양화 연구가 확대되어야 한다. 또한, 유사시 외국의 곡물 수출 제한에 대비하기 위해 식량 수입 대상 국가를 다양화하고, 해외 생산기지 구축 등과 같은 식량 안보 선진국을 지향하는 전략을 수립하여 추진해야 한다. 해외 식량생산기지 개발은 프리모르스키주(연해주), 남미 및 아프리카와 같은 농업 생산성이 떨어지는 지역에 우리의 선진 농업 기술을 접목하여 대규모 농작물을 생산하기 위한 생산단지를 조성하는 것으로, 이를 통해 식량 안보 선진국을 지향하는 전략을 추진하여 식량 자주율 향상을 위해 힘써야 할 것이다.

2. 식량 시큐리티: 안전한 먹거리

1) 생물자원의 안전성 관리

다양한 생물자원 확보를 위한 방법으로 유전자 변형 생물체(LMO: Living Modified Organism)가 등장하여 식량 부족, 환경오염, 의약품 개발에 이르기까지 글로벌 난제들을 해결할 수 있는 방안으로 각광받은 바 있으나, 유전자 변형 생물체 및 이를 이용한 제품에 대한 인체, 환경에 미치는 영향과 교역분쟁, 생명윤리 등 여러 문제점이 부각되면서 안전성에 대한 의문과 논란이 지속되고 있다.

2019년 기준으로 상업화된 유전자 변형 작물 및 재배 현황을 살펴보면, 전 세계적으로 재배 국가는 29개국이며, 총 재배면적은 1억 9,040ha로 집계되고 있다. 주 작물로는 제초제 내성, 해충 저항성, 복합형질 등을 갖도록 유전자가 변형된 옥수수, 대두, 면화, 카놀라, 알팔파 등이 있고 바이러스 저항성, 유용물질 생성, 갈변 감소 등의 목적을 갖도록 변형된 파파야, 딸기, 사과 등이 있으며, 장미, 카네이션 등 꽃의 색깔 변형 등

유전자 변형 생물체
현대생명공학기술을 이용하여 새롭게 조합된 유전물질을 포함하고 있는 동물, 식물, 미생물 등 모든 살아 있는 생물체를 의미.

에도 쓰이고 있다.

유전자변형생물체는 우리가 알 수 없는 잠재적 위험성을 내포할 수 있으나 인류가 피하거나 포기할 수 없는 마지막 선택(LMO: Last Mankind Option)이 될 것이라는 지적도 있는 만큼, 엄격한 안정성 평가와 함께 지속가능한 유전자 변형 생물자원의 안전성 관리가 중요하다.

미국 USDA는 2020년 투명하고 일관된 과학을 바탕으로 이러한 기술의 개발 및 가용성을 촉진하기 위해 'SECURE 규정'을 마련하고 있으며, 이 SECURE 규정은 생명공학기술로 개발된 제품에 대한 규제 부담을 덜어 주고, 농업생산성과 지속가능성을 높이고, 작물의 영양가와 품질 개선, 해충과 질병 퇴치, 식품 안전을 강화할 수 있을 것으로 기대되고 있다.

EU는 2020년 'Farm to Fork Strategy'를 발표하면서 '새로운 혁신 성분과 기술'의 사용이 인간, 동물, 환경에 안전하다는 것이 입증되면 지속가능한 식량 생산을 위해 혁신적인 육종 기술을 이용해야 한다는 것에 동의하면서 유럽의 연구혁신을 위한 대응책을 마련 중이며, 한국에서는 2019년부터 산업통상자원부 등 8개 정부 부처 관계자가 모여 바이오신기술 규제 태스크포스(TF)를 구성해 관련 법 개정 논의를 진행 중에 있다.

미래 먹거리의 안전성 확보를 위해 지속가능하고 안

SECURE 규정
지속가능(Sustainable)한, 생태학적(Ecological), 일관적(Consistent), 통일성(Uniform) 있는, 책임성(Responsible) 있는, 효율적(Efficient) 규정.

심할 수 있는 생물자원 확보에 대한 연구혁신을 지원할 법적·제도적 정비와 함께 시민사회의 부정적인 인식과 갈등을 줄이기 위한 다각적인 노력이 절실히 필요한 부분이다.

2) 수산 식량의 혁신적인 공급

수산 식량자원의 혁신적인 공급을 위해서는 생산을 위한 공간 확보와 양식 시설물 개발 등 인프라 확보 및 영양과 질병 관리 등 사육 기술의 개발이 필요하다. 또한 1970년대에 노르웨이에서 대서양 연어를 대상으

[그림 2-3-4]

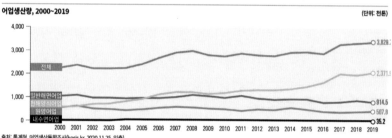

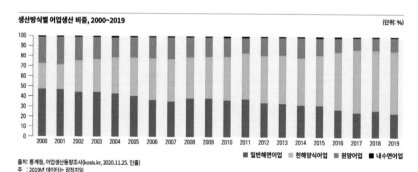

출처: 통계청, 한국의 SDGs 이행보고서

로 선별 육종을 접근한 것과 같이 생명공학기술을 접목한 육종 품종 개발이 요구된다. 가장 중요한 기술을 정리하면 ① 알을 얻고 새끼를 기르는 인공부화 기술, ② 건강하게 성장할 수 있는 먹이 개발, ③ 최적의 환경 관리, ④ 생산 장비 개발, ⑤ 염색체 조작 기법, 성전환, 잡종화, 유전자 이식, 선발 육종 등을 이용한 환경 내성 능력을 지니고 질병에 강하며 성장 속도가 빠른 종의 개발이다.

수산 분야의 문제점으로 어업 인구의 감소와 어촌 지역의 소멸 등 사회적 문제를 꼽을 수 있다. 지난 10여 년간 5만여 명의 어업인구가 붕괴 위험에 맞닥뜨렸는데 어촌의 고령화율은 2019년 기준 37.2%로 지속적으로 증가하고 있으며, 소득 수준도 낮고, 생활서비스도 부족하다. 어촌의 삶의 질은 5.2로, 도시(6.4)나 농촌(5.8)에 비해 낮으므로 이를 해결하기 위한 어촌뉴딜 사업과 같은 정책적 지원으로 어촌의 삶의 질을 향상하는 문제가 시급하다.

연근해 어업의 경우에도 생산량이 감소하고, 노후화된 어선으로 인해 조업 안정성과 어업경쟁력이 줄어들고 있으므로 어선의 현대화와 안전 및 어선원의 복지개선 등이 시급하다. 수산자원 회복을 위해 총허용어획량제(TAC) 확대, 상습적 불업 어업에 대한 집중 감척, 단계적으로 생분해성 어구 장비의 의무화, 해양수산 보호구역 통합관리 강화가 요구된다. 핵심 수출산

선별 육종

인간에게 유용한 변이를 지닌 개체만을 여러 세대에 거쳐 교배해서 유용한 유전자 변이를 축적해나가는 육종 기법.

인공부화

자연에서보다 알이 수정될 확률을 최대화하고 적정 시기에 새끼를 생산할 수 있어 양식에서 생산량을 증대시키는 기술로, 인위적으로 산란 시기를 정해서 부화할 수 있기 때문에 가장 높은 산란 수에서 사망률을 조절 가능.

[표 2-3-1] 2020.07.~2021.06. 어기(漁期)간 TAC 관리 기준

구분	세부 내역
대상종(12종)	고등어, 전갱이, 도루묵, 오징어, 붉은 대게, 대게, 꽃게, 키조개, 개조개, 참홍어, 제주소라, 바지락
대상업종(14종)	대형선망, 근해통발, 잠수기, 근해연승, 근해자망, 연안자망, 연안통발, 근해채낚기, 대형트롤, 쌍끌이대형저인망, 동해구트롤, 동해구외끌이, 연안복합, 마을어업

출처: 해양수산부 보도자료(2020.06.29.)

업의 하나인 원양어업의 경우에도 환경 영향을 최소화하기 위해 얽힘 없는 집어 장치(FAD: Fish Aggregating Device)와 친환경 집어 장치의 사용이 요구된다.

식품의약품안전처에 따르면 2018년 우리나라 식중독 원인 식품으로 생선회, 굴 등 어패류가 1위, 육류가 2위, 김치 등 채소류가 3위를 차지하였다. 국내 수산물 수급이 확대 중이나 실시간으로 수산물 위생을 파악하고 안전성을 높이기 위한 시설과 체계가 미흡하며 수산물 종류와 형태에 따라서 선도 유지 등의 한계로 저온 유통의 어려움이 있다. 또한 수산물 품질인증 및 HACCP 등 다양한 수산물 정부인증제도에 대한 소비자 인지도와 업계의 참여도를 높이며 소비자 개인별 맞춤형 식품을 원하는 소비 트렌드 변화에도 적극 대응해야 한다. 이를 해결하기 위해서는 스마트 양식 등에 의한 수산물 생산부터 가공기술 개발, 디지털 유통 및 소비에 이르는 전 과정에 걸친 수산업의 미래산업화가 필요하다.

3) 가축전염병의 안전한 관리

2009년부터 2018년까지 지난 10년간의 가축 질병 피해액은 2조 1278억 원 규모로 집계되고 있으며, 대표적인 사례는 2010년 발생한 구제역으로 1조 9천억 원의 피해가 발생한 것이다. 또 2017년 가축 질병 피해액은 전체 사회재난 피해액 대비 76% 수준에 이른다는 연구도 있었다. 이러한 가축전염병은 직간접적인 경제적, 사회적 피해뿐 아니라 농가의 생산 의욕을 저하시키고 국민 먹거리에도 지대한 영향을 미치는 등 큰 폐해를 낳고 있지만, 매년 그 피해는 반복되고 있는 실정이고 국경을 넘어 전파되는 추세이다. 또 인수공통전염병으로 발전할 시에는 국민의 보건에도 심각한 영향을 미친다.

따라서 가축전염병 예방·확산을 방지함으로써 관련 농가의 경제적 손실을 예방하는 동시에, 공중위생 향상을 위해 인수공통전염병 방역 관리를 강화하여 가축전염병 발생에 대한 국민의 우려를 불식시켜야 할 것이다. 이는 비단 가축뿐 아니라 어패류 등에도 준용될 수 있는 사안이기도 하다.

해외에서는 가축전염병 발생과 확산 예측, 대응을 위해 빅데이터 및 역학 정보 분석 기술을 활용한 가축 질병 연구를 활발히 진행 중이며, 빅데이터에 기반한 인공지능 동물 질병 진단·처방 기술 등의 융복합 기반 동물 질병 진단기술 개발, 차세대 백신 제조 플랫폼 기술의 활성화, 질병 예방과 확산 방지 등의 질병대응 인프라 구축 등이 적극 추진 중이다.

우리나라도 4차 산업혁명 기술을 활용하여 예방·예찰 단계에서부터 스마트 질병 관리 시스템을 활용하고, 축산물이력제와 연계하여 개체별로 실시간 또는 단주기로 건강과 질병을 관리할 수 있는 가축방역통합정보 및 융복합 가축질병관리 플랫폼(convergence animal biosecurity platform) 구축 등이 필요하다. 지속가능 농업운동(SAI: Sustainable Agriculture Initiative)이라는 범세계 비영리 네트워크가 '지속가능 농업'을 '안전한 고품질 농산물의 효율적인 생산은 자연환경, 농부, 직원 및 지역 사회의 사회적, 경제적 조건, 모든 축종의 건강과 복지를 보호하는 방식의 농업'으로 정의한 것은 시사하는 바가 크다.

3. 푸드 테크놀로지: 균형 있는 미래 식탁

1) 푸드 테크로 열어 가는 미래식품: 고기 아닌 고기, 대체육

고기보다 더 고기 같은 '고기 아닌 고기' 대체육은 현실이 되어 가고 있다. 소, 닭의 DNA에서 비롯된 유전자적 고기의 맛이 아닌 콩, 밀에서 고기의 맛을 찾고, 풀과 사료를 먹고 자란 동물의 고기가 아닌 실험실의 배양액에서 자란 인공고기를 먹는 세상이 되었다. 이것은 푸드 테크가 열어 가는 먹거리의 신세계이다. 대표적인 푸드 테크 기술인 '대체육'의 미래에 대한 확신은 '마이크로소프트' 창업자 빌 게이츠와 '버진그룹' 회장 리처드 브랜슨 등 글로벌 기업가들의 대체육 산업 투자에서도 전망할 수 있다.

당초 대체육은 채식주의나, 동물복지를 생각하고 환경적, 윤리적 고기 소비를 추구하는 데서 출발했다. 대체육의 선두 기업인 '비욘드미트'의 CEO 에단 브라운은 어린 시절에 비윤리적인 사육과 도축을 통한 고기의 섭취에 대해 문제의식을 가지고, 동물이 아닌 식물에서 단백질을 섭취하는 것이 환경보호와 동물복지의 실현이라고 믿었다. 소수의 채식주의자만을 위한 시장의 한계를 고려하고 대중을 설득하여 채식주의자로 만드는 대신 고기를 즐기는 사람을 위한 시장을 만들었다.

대체육은 1950년대에 밀의 글루텐과 대두의 단백질을 원료로 압출성형공정을 거쳐 생산되는 일명 '콩고기'에서 시작되었다. 초기의 콩고기는 질감과 맛에서 고기와는 거리가 있었고, 소비자에게 육류의 맛이 주는 즐거움을 제공하지는 못했다. 하지만 수분이 많은 압출성형 제품 생산, 피 맛의 구현 같은 푸드 테크 기술의 진보로 실제 고기의 맛과 간격을 좁히는 데 성공하였다. 현재 미국의 식물성 고기 시장은 2018년 44억 7천만 달러(한화 약 5조 1천억 원), 2020년 70억 달러(한화 약 8조 원)로 시장규모가 점차 확대되고 있다. 대표적인 회사인 '비욘드미트'는 2019년 나스닥에 상장 후 시가총액이 약 38억 달러(4조 5천억 원)에 달했으며, '임파서블 푸드'는 콩과 식물 뿌리에서 추출한 붉은색 헤모글로빈으로 고기의 색과 향을 최대한 구현하기에 이르렀다. 또한, 영국 브랜드 '퀀'은 버섯의 곰팡이 배양을 통해 만든 진균단백질(mycoprotein)로 닭고기의 대체육을 생산하고 있다.

대체육은 식물성 고기 이외에도 전통 육류를 대체할 수 있는 단백질 위주 성분을 지닌 식품 원료로서, 배양육과 식용 곤충도 여기에 해당된다. 배양육(cultured meat, in vitro meat)은 동물의 줄기세포를 채취한 뒤, 세포공학 기술로 배양하여 3D 프린팅 기술과 접목해 생산하는 것이다. 2013년 최초 개발 당시에는 생산비가

붉은색 헤모글로빈
동물 헤모글로빈과 유사한 구조로서 콩과 식물의 뿌리혹에 존재 유전자 조작된 이스트를 이용하여 대량 생산.

비싸 상업화되지는 못했으나, 현재 생산비 절감을 위하여 배양공정의 단순화 연구가 활발히 진행 중이다. 미국의 '잇 저스트(Eat Just)'는 70% 이상을 닭 세포배양으로 만든 닭가슴살 'Chicken bites'를 개발하고, 세계 최초로 싱가포르 식품청으로부터 배양육 판매허가를 획득함으로써 지난해 11월 배양육 상업화의 포문을 열었다. 심지어 핀란드 스타트업 기업인 '솔라푸즈'는 대기에서 포집한 이산화탄소, 물의 전기분해로 만든 수소와 소금으로 토양미생물을 발효시켜 단백질 분말(솔레인)을 얻는 기술을 개발하여 소위 공기육의 배양 단계까지 접근하고 있다. 우리나라는 실험실 단계에서 소, 닭의 근위성세포를 이용하여 배양육을 만드는 기술을 보유하고 있시만, 제품을 생산하여 시장에 진출하기 위한 단가절감과 대량 생산 기술은 아직 미약한 수준으로 2023~2025년쯤 시제품 출시가 가능할 것으로 예상하고 있다.

식용 곤충은 국가별로 종류 차이는 있으나, 일반적으로 키우기 쉽고, 영양적 균형이 잘 잡힌 단백질원으로 가치가 있다. 세계 시장조사기관인 '글로벌 마켓 인사이츠' 조사에 따르면 세계 식용곤충 시장은 빠르게 성장하여 2024년까지 7억 1천만 달러 규모로 확대될 것으로 예상한다. 우리나라는 2011년 곤충산업 육성 및 지원에 관한 법률을 제정하고, 식용 곤충 개발에 착수하였다. 2014년 이후 농촌진흥청에서 갈색거저리 애벌레, 흰점박이꽃무지 애벌레, 장수풍뎅이 애벌레, 쌍별귀뚜라미, 아메리카왕거저리 애벌레, 수벌 번데기 등이 식품 원료로 인정받아 현재 국내에서 법적 식용 곤충 종은 10종에 달한다. 이러한 식용 곤충으로 만든 가공제품이 근력 파우더, 쌀과자, 순대 등 180여 종에 이르고, 2011년 이전까지만 하더라도 시장조차 형성되지 않았던 국내 곤충산업은 2018년 430억 규모로 성장하게 되었다. 식용 곤충은 식용이 가능한 모든 곤충을 대상으로 하므로 생산자원이 풍부하고 사료 효율이 높으며 생산 시 물이 적게 소비되고 모든 부위를 먹을 수 있다는 장점이 있다. 식량으로서 식용 곤충 산업이 성공적으로 정착하기 위해선 곤충 섭취에 대한 소비자 혐오증을 극복하는 것이 가장 큰 과제이므로 최근에는 원재료에서 단백질, 유지만 가공·추출하여 식재료에 첨가하는 형태로 연구와 제품 개발이 이루어지고 있다. 국제연합식량농업기구(FAO)는 인류, 가축, 애완동물의 식량으로 식용 곤충을 적극 권장하고 있어 대체단백질원으로서 식용 곤충의 가치는 더욱 커질 것으로 예상된다.

이제 식물성 고기, 배양육, 식용 곤충 등 대체육 식품은 특별하고 신기한 식품에서 일상적 소비 단계로 접어들었고 이에 따라 시장 규모는 급속도로 성장하고 있다. 글로벌 컨설팅기업 'AT커니'에 의하면 대체육은 지금의 성장 규모(연평균 3%)를 유지할 경우, 2040년에는 전 세계 육류 시장의 60% 이상을 차지해 기존 육류 시장 규모를 추월할 것으로 전망하고 있다. 대체육 시장이 이렇게 성장할 것으로 예상하는 배경에는 환경오염으로 인한 사회적 비용의 감소와 자원 절약을 통한 환경의 지속가능성을 확보하는 것과 연관이 높다. 즉, 세계인구의 증가로 단백질 공급원인 육류 소비량이 빠르게 증가할 것으로 예상되는 가운데 대체육 식품은 물, 토지, 사료의 사용과 온실가스 배출을 줄여 환경 부담을 줄일 수 있다. 그 외에도 반려동물 시장의 확대로 윤리적 소비와 동물복지에 대한 관심이 증대하면서 비건 식품의 성장세가 증가하는 것도 대체육 시장의 성장 이유 중 하나이다.

2) 디지털 농업, 데이터로 완성되는 농업의 미래

최근 데이터·인공지능 기반의 디지털 전환이 국가와 기업의 경쟁력을 좌우하면서 데이터를 활용하여 새로운 부가가치를 창출하는 데이터 경제로의 전환이 추진되고 있다. 이와 함께 농업 분야에서도 기후변화, 고령화, 농촌 인력 부족, 식량 수급 안정화(코로나19, 보호무역주의 강화 등), 농업의 지속가능성 위기 등과 같은 문제를 해결하는 대안으로 디지털 농업이 부상하고 있다. 최근에는 품종 개발 분야에서도 표현체(꽃, 종자 모양 등 작물의 외형적 형태), 유전체(생명체 유전정보), 대사체(생명체 물질대사 중간생성물 및 대사회로의 총체) 등의 데이터를 인공지능 기반의 디지털 기술과 접목하여 원하는 품종을 정밀하게 디자인하는 디지털 육종 방법이 실용화되고 있다.

디지털 농업은 생산·유통·소비 등의 농업 활동 데이터를 디지털 형식으로 수집, 저장, 결합, 분석 및 공유하고, 딥 러닝과 인공지능을 이용한 의사결정과 기술혁신으로 부가가치를 창출하는 농업이다. 트랙터, 이앙기 등의 농기계와 온실 내 농작업에도 최신 로봇기술을 적용하여 생산성과 편의성을 높이고, 인공지능이 의사결정을 지원함으로써 사람이 일일이 신경 쓸 필요가 없는 자동화를 지향한다.

장소에 따라 디지털 농업은 시설 분야 디지털 농업과 노지 디지털 농업으로 나뉜다. 시설 분야 디지털 농업은 시설원예(온실)와 실내에서 식물을 재배하는 식물공장, 시설 축산에서 온도와 습도 그리고 양분과 수분을 정밀하게 조절하고 그와 관련 데이터를 분석하여 생산성과 경제성을 크게 증가시키는 방향으로 발전하고 있다. 시설원예 디지털 농업은 현재 재배 편리성과 생산성이 향상된 1세대 디지털 기술이 적용되고 있으며 인공지능이 최적의 환경을 조성하여 생육을 관리하는 차세대(2, 3세대) 지능형 기술을 개발하고 있다. 식물공장의 경우, 실내에서 최적의 재배조건에서 작물을 재배하기 위해 작물의 생장 데이터를 기반으로 토양수분, 양분, 온도 같은 재배환경이 관리된다. 이러한 식물공장은 외부 기후와 농촌이라는 외적인 조건에 영향을 받지 않아 시공간의 제약을 벗어난 자동 제조업 형태를 띤다. 시설 축산에서는 센서를 이용하여 가축의 성장과 축사 내의 온도와 습도를 모니터링하고, 가축 성장의 전 과정을 자동화, 최적화하여 축사 내·외의 환경관리가 이뤄지도록 한다. 우리나라의 디지털 농업은 초기 투자비와 유지비가 높아 소규모 농가보다는 대형농가 위주로 확산되고 있다.

노지 농업에서는 미국을 중심으로 자율주행, 인공위성, 빅데이터 등의 첨단기술을 활용한 데이터 기반의 정밀농업이 이뤄지고 있다. 앞으로 토양, 기상, 생육 측정 센서 및 드론·위성 촬영 기술을 이용해 넓은 농지의 정보를 수집하고, 수집된 정보에 근거하여 GPS, 영상처리, 3D 매핑 등의 기술로 트랙터 같은 농기계의 자동주행, 드론을 활용하여 적재적소에 비료와 농약을 뿌리는 작업이 2~3년 내 상용화될 것으로 예상된다. 또한, 자동화된 산업용 로봇이 농산물 수확, 과수원의 풀 깎기, 조류로 인한 피해 방지 작업 등에 사용될 전망이다. 우리나라 노지 농업은 소면적 다품종의 특성으로 디지털화 기술 개발이 더딘 편이며, 농기계 첨단화 수준에도 품목별로 격차가 존재한다. 벼농사의 경우, 논 면적이 규격화되어 있어 디지털 농업 적용에 유리하나, 밭작물은 다양한 밭 규모 등으로 적용이 어려운 실정이다. 하지만 노지 디지털 농업은 농촌 고령화에 의한 노동력 감소와 농촌 소멸 우려로 필요성이 더욱 커지고 있다. 디지털 농업이 확대된다면 작물 재배의 자동화와 인공지능의 빅데이터를 활용한 기상, 토양 관리로 생산성을 증대시키는 것뿐만 아니라 지역 내 고용을 창출하고 스타트업 창업 기회를 늘림으로써 농촌 지역경제 활성화의 계기를 만들 수 있다. 한국농촌경제연구원은 2021년 10대 농정 이슈의 하나로 데이터 기반의 노지 스마트팜 확대를 선정하였다.

글로벌 기업들이나 투자자들도 이러한 변화를 수용하여 다양한 사업 기회를 선점하고 있다. 독일의 제약회사 '바이엘'은 2018년 종자와 디지털 농업기업인 '몬산토'를 인수하여 디지털 농업생명과학의 선두 기업이 되었고, 미국의 '온팜'은 클라우드에 기반한 스마트팜 서비스로 노지 디지털 기술을 상업적으로 활용하고 있다

앞으로도 식량 관련 미래 산업은 IT, 빅데이터, 3D 프린팅 기술, 인공지능 기술, 농생명바이오 기술 등 미래 기술과 결합하여 새로운 발전을 거듭할 것으로 전망된다. 식량 안보 관점에서 식량은 선택이 아닌 국가 생존에 필수적이라는 점과 미래에는 첨단 기술의 확보 없이는 식량을 구하기 어려울 수 있다는 점을 항상 고려해야 한다. 국가는 식량 안보 구축을 위해 중장기정책을 수립하여 강력하게 추진하고 과학자들은 정책을 지원할 수 있는 농업과학기술을 개발하여 미래 식량 안보 백년대계를 준비해야 할 것이다.

제 3 부

인구와 자원 해결은?

대표집필   김 태 희(홍익대학교)

집필위원   김 태 희(홍익대학교)
박 영 일(이화여자대학교)
박   현(국립산림과학원)
배 위 섭(세종대학교)
양 세 정(연세대학교)
이 홍 금((전) 한국해양과학기술원 부설 극지연구소)
심 소 연(이화여자대학교)
황 의 덕(한국광업협회)

인구는 국가 존재의 의미가 되는 것으로 인구는 국가의 기본이라 할 수 있다. 최근 급격한 인구감소로 지역소멸과 국가소멸의 위기에 처해 있는 우리나라의 현실이 마음 아프게 다가오는 이유인 것이고, 인구 고령화로 인한 세대 간의 갈등과 사회보장제도의 붕괴 위기도 겪어야 할 당면 과제이다.

생태자원을 포함한 광의의 자원은 인구가 존재하며 유지할 수 있도록 도와주는 경제 시스템의 기초 원동력이 되는 것이다. 인간이 생존을 유지하고 도구를 쓰기 시작한 원시 시대부터 인간의 역사와 함께해 온 자원 활용의 역사가 이를 증명하는 것이라 할 수 있을 것이다.

그러므로 우리의 미래 준비를 위한 첫 시작은 인구와 자원 분야에 대한 이해와 문제 해결이 아닐까 한다.

1장

인구

김태희(홍익대학교)

심소연(이화여자대학교)

양세정(연세대학교)

박영일(이화여자대학교)

● ○ ●

William-Adolphe Bouguereau, 〈Les Oranges〉, 1865

1. 세계는 지금 어떤 인구 문제로 고민하고 있는가?

1) 세계의 인구는 폭발적으로 증가하는 중

"내가 사는 이 지구에 얼마나 많은 사람이 살고 있을까?"라는 생각을 누구나 한 번은 해 보지 않았을까? 국제 의학저널 『란셋(The Lancet)』의 발표에 의하면, 2020년 7월을 기준으로 지구에는 약 78억 명이 살고 있다고 한다. 세계의 인구를 한 시점에 정확히 파악하는 것은 어려운 일이나 문헌에 의하면 1800년 10억 명, 1959년 30억 명을 돌파했고, 1987년 50억명, 2011년에는 70억 명, 2020년 78억 명으로 조사되어, 근대에 이르러 증가 추세가 뚜렷하게 나타났고, 현대에 이르러 100년 동안 폭발적으로 증가하고 있는 것이다.

역사적으로 보면, 지구의 인구는 증가와 감소 시기가 반복적으로 지속되었다. 전쟁과 질병, 기근으로 인구가 급격히 감소한 시기가 있었고, 대부분의 시기에는 인구가 정체되거나 소폭 증가하였으나 최근, 증가 추세가 심각한 수준으로 나타나고 있는 것이다.

2) 세계의 인구는 지속적으로 증가할 것인가?

1970년 세계 각국의 과학자, 교육자, 경영자들이 설립한 민간연구단체인 '로마클럽'에서는 인구의 급격한 증가가 우려되어 이와 관련된 연구용역을 MIT의 메도스(D. L. Meadows) 연구진에게 주었다. 1972년 메도스 연구진은 「성장의 한계」라는 보고서를 출간하게 되며, 그 결과는 전 세계에 엄청난 파장을 몰고 왔다. 그들의 연구결과를 요약해 보면, 2100년까지 인구성장은 급격히 증가하는 반면, 자원은 기하급수적으로 감소하고, 식량은 부족하며, 식량과 자원의 무분별한 확보 경쟁으로 환경은 오염되고 파괴되어 인구성장을 지탱할 수 없는 상황에 도달할 것이라는 비관적인 예측결과였다.

이러한 발표 이후 연구결과에 반대하는 학자들이 부족한 자원과 식량 부족은 대체 농산물의 발견과 개발, 그리고 과학기술의 발전으로 이러한 시련을 극복할 수 있을 것이라는 주장을 펼치기도 한다. 어떤 이론이 맞다 틀렸다 하기보다는 두 이론 모두 우리에게 주는 시사점이 매우 크므로 문제를 극복하기 위한 인간의 노력이 지속될 것임을 우리는 알고 있다.

최근 유엔은 세계 인구가 2050년에 90억 명, 2100년에 100억 명을 넘어설 것이라고 예측하였다. 일부 학자들은 아직까지는 세계가 감당할 수 있는 인구의 수준이고, 출생률 저하와 노령화 등으로 어느 시점에 인구가 정체되다가 90억 명쯤에서 안정될 것이라는 주장을 펼치고 있다. 반면, 유엔의 예측과는 정반대로 저출생의 영향으로 전 세계의 인구가 급격하게 감소할

로마클럽
1970년 세계 각국의 과학자, 경제학자, 교육자, 경영자들이 모여 설립한 민간연구단체로 천연자원의 고갈, 환경오염, 개발도상국에서의 인구증가, 핵무기 개발에 따르는 인간사회의 파괴 등 인류의 위기에 대한 해결책을 모색하기 위해 설립.

성장의 한계 보고서
로마클럽에서 연구를 제안받은 MIT의 메도스는 1972년 「성장의 한계」라는 보고서를 발간. 인구증가, 공업산출, 식량 생산, 환경오염, 자원고갈이라는 5가지 요소를 설정하고 2100년까지의 추세를 예측하여 분석함. 분석결과로 인구성장은 급격히 증가하는 데 반하여 부존자원은 기하급수적으로 감소하여 멀지 않은 장래에 가용부존자원의 양이 인구성장을 지탱할 수 없는 상황이 도래할 것이라는 비관적인 예측결과를 제시.

것이라고 주장하는 학자들도 있다.

이처럼 늘어나고 있는 세계의 인구 문제에 대응하기 위해 세계 각국은 한자리에 모여 머리를 맞대고 있으나 각국은 서로 자국 내의 인구 문제로 고민 중에 있으므로 함께 해결 방안을 모색하는 데 한계가 있다.

3) 인구는 왜 문제일까?

'인구'의 사전적 의미는 '일정한 지역에 사는 사람의 수'라는 의미로 그 자체를 문제라고 하기는 어렵고, 인구가 다른 조건들과 엮일 때 비로소 문제가 된다. 즉 식량이나 자원이 부족할 때나, 경제적 인구가 감소하여 지역의 경제기 악화될 때 인구의 증감이 문제가 되는 것이다. 이는 국가나 국가 내의 지역에도 동일하다.

다른 관점에서 보면, 인구는 노동, 자본과 함께 생산요소의 하나이다. 그러므로 한 나라의 인구수가 많고 적음은 정치적, 군사적 관점으로는 물론, 경제적인 면에서도 아주 중요한 의의를 갖는다. 즉, 인구의 규모는 생산과 소비의 양과 직접적인 관계에 있으므로 인구의 규모는 바로 그 나라의 경제력이 되는 것이다. 또한 인구수의 변화는 그 국가 또는 지역 사회의 고용, 복지, 재정, 의료, 교육 등 다양한 분야에서 사회와 경제 시스템의 지속가능성을 위협하게 되므로 인구 문제는 심각한 문제가 되는 것이다.

4) 국가별로 서로 다른 인구 문제로 고심 중

현대에 들어서면서 경제적인 발전과 함께 보건환경이 개선되고, 의료

기술의 발전으로 사망률이 급격히 떨어지면서 인구의 급격한 증가로 여러 가지 문제가 발생한 것이다. 그러나 지구 전체로는 폭발적인 증가 추세라고 하지만 모든 나라의 인구가 증가하는 것이 아니다. 개발도상국을 중심으로는 인구가 폭발적으로 증가하고 있으나, 선진국은 낮은 출생율로 오히려 인구가 감소하거나 정체되고 있어 고민이 깊어지는 것이다.

대륙별로는 아시아에 세계 인구의 약 60%가 살고 있으며, 아프리카에 약 17%의 인구가 살고 있는 것으로 조사되었고, 대륙별로 가장 인구증가 폭이 큰 곳은 아프리카로 나타났다. 이와 같이 대륙별, 그리고 그 대륙 내에서도 나라별로 서로 다른 인구 문제를 안고 있음을 알 수 있다.

현재 각 국가들이 가지고 있는 인구 문제를 크게 두 가지로 나누어 살펴보면, 선진국의 경우 노인 인구는 증가하는 반면, 어린이 인구는 감소하고 있어 경제성장이 둔화되고, 경기의 침체현상이 나타나고 있다. 반면에 개발도상국의 경우에는 의료기술이 발달하지 못해 사망률이 높고, 피임법이 보급되지 않아 노인 인구는 줄어들고 어린이 인구는 증가하여 식량과 자원부족으로 인한 빈곤과 실업 등의 문제가 발생되고 있다.

이러한 개발도상국의 인구 문제는 경제 발전과 의료기술의 발전으로 선진국형의 인구 문제로 바뀌어 갈 것이다. 최근 신흥 개발도상국에서 노인 인구가 빠르게 증가하고 있는 것으로 조사되어, 이러한 현상이 현실화되고 있는 것을 알 수 있다. 우리나라는 선진국형의 초저출생, 고령 인구증가 문제가 전 세계를 놀라게 할 만큼 빠르게 진행되고 있어, 심각한 고민에 빠져 있다.

5) 유럽의 저출생 대책이 왜 우리나라에서는 성과를 내지 못하는 것일까?

저출생으로 인한 인구 문제와 대책을 살펴보기 위해 우리나라보다 먼저 저출생의 문제를 겪고 있는 유럽 국가들의 경험이 도움이 될 것이다. 유럽의 출생율 저하로 인한 인구감소는 나라별로 시기적인 차이는 있지만, 대부분 출생율의 급격한 감소와 출생 시기의 지연으로 1970~1980년대에 시작되었다. 원인은 국가별 사회경제적 또는 문화적 환경의 차이로 조금씩 다르지만 대부분 노동시장에서의 남녀 고용기회와 임금의 균등, 출산 후 고용기회의 보장과 소득수준의 유지, 육아의 성 역할 평등화, 공적 보육 지원의 보장, 가정 내 성 역할 분업, 가부장적 가족 형태, 높은 청년실업률 등이다.

유럽 국가 중 인구감소를 잘 대처하고 있는 국가로 스웨덴과 프랑스를 들 수 있다. 스웨덴은 초고령사회, 즉 65세 이상 인구 비중이 20% 이상에 진입한 국가임에도 출산 장려, 노인 경제활동 장려, 이민자 포용 등의 적극적인 인구정책을 펼쳐 2017년 인구증가율 1.4%를 기록하여 EU 국가 중 3위를 기록하였으며, 우리나라의 인구성장률 0.4%와 비교해 볼 때 부러운 수준이라 하겠다. 우리나라는 스웨덴의 성공한 저출생 정책의 일부분을 적용해 보았지만, 성과를 거두지 못하고 있다.

반면에 프랑스의 인구정책은 스웨덴과는 다르게 1999년 미혼모, 동거부부 등 비전통적 가족제도를 포용하는 정책을 도입해서 비혼 가정에서 태어난 아이들에 대한 사회적 지원을 강화해 나감으로써 차별받지 않도록 하는 지원책을 수립하여 출생율 향상을 이끌어 내게 되었다. 혼외 출생율이 1994년 37.2%에서 2015년 57.6%로 증가하여 저출생 문제 해결에 큰 역할을 한 것이다. 이는 한국의 혼외 출생율 1.9%와 비교해 볼 때

엄청난 차이이며, 이러한 비전통적 가족제도의 포용 정책은 우리나라와 프랑스의 엄청난 문화 차이를 극명하게 드러내는 것이다.

이와 같이 저출생 인구 문제는 단순히 인구 문제만이 아니라 그 국가의 문화, 정치, 경제, 사회 시스템의 결과로 나타나는 것이므로 해결방안도 그 나라별로 다르게 적용될 수밖에 없는 것이다.

우리나라는 최근까지도 통제를 강조하는 인구 문제 해결정책을 시행하고 있는데 저출생과 관련된 출산 여부와 자녀 수 그리고 출산 시기에 관한 것은 개인들의 자발적인 선택에 의존할 수밖에 없는 국가의 결정이 아닌 개인의 자유적인 결정 사항이다. 그렇기때문에 해결방안을 모색하는 것은 더욱더 어려울 수밖에 없으므로 국가정책의 역할은 출산·양육과 관련된 여건과 기반을 구축하여 출산을 희망하는 개인들이 계획을 세우고 실천할 수 있도록 지원하는 것이어야 한다.

6) 고령화 문제의 핵심은 무엇일까

인류가 그렇게 갈망하던 경제발전과 생명연기술의 발달 결과는 아이러니하게도 고령화 추세라고 할 수 있다. OWID(Our World In Data)에 의하면 1800년 이전 인간의 평균 수명은 약 30세 정도였고, 1995~2000년에는 65세로 늘어났으며, 2019년에는 72.6세라고 한다. 이러한 평균 수명도 지역에 따라 다르게 나타나는데, 2016년 기준으로 아프리카는 61.2세, 유럽은 77.5세로 의료기술의 발달 정도에 따라 얼마나 다른지를 극명하게 드러내고 있다. 이러한 평균 수명의 연장은 영양 상태의 개선, 공중보건 및 생활환경의 개선, 의료기술의 발달 등 과학기술의 발전과 경제성장으로 인한 것이며, 이로써 2045~2050년 평균 수명은 선진국은 83세,

개발도상국은 74세가 될 것으로 전망된다.

이러한 인류 발전의 결과로 나타나고 있는 고령화의 상황도 살펴보자면, 2019년 세계 인구에서 65세 이상의 인구 비중은 약 9% 수준이었지만, 2030년엔 12%, 2050년엔 16%, 2100년엔 23%를 차지할 것이라고 유엔이 발표하였다.

고령화는 요양과 돌봄의 수요를 폭발적으로 늘리고, 의료비의 지출을 급증시킨다. 또한 복지 지출의 규모와 비중을 늘림에 따라 국가재정을 압박하고, 생산을 담당하는 젊은 세대들이 미래에 대한 불안감을 느끼게 하며, 세대 간의 갈등을 조성하는 등 여러 방면에서 사회문제가 되고 있다. 또한 빈곤 노인들의 증가 역시 사회적인 문제가 되고 있다.

7) 세계의 인구정책 방향은 변화하고 있다.

1994년 카이로 국제인구회의는 국가별 인구정책이 기본적으로 인구에 대한 통제 대신 인권과 삶의 질 향상에 초점을 맞추어야 한다고 지적하고 여성의 지위 향상과 역량 강화도 매우 중요한 사안으로 부각시켰다. 이와 같이 선진국의 인구정책은 가족, 보육, 교육, 노동시장, 주택, 조세 등 관련 경제정책과 사회정책을 통해 간접적으로 작동하고 있음을 잘 보여 주고 있어, 인구정책과 경제·사회정책의 차이가 없어지고 있음을 알 수 있다.

물론 지금까지 살펴본 인구의 폭발적 증가, 저출생 문제, 고령화 인구 비중의 증가만이 세계의 인구 문제는 아니다. 이 외에도 남녀 성비의 불균형, 이민자의 증가로 인한 사회문제 등 세계에는 다양한 인구 문제가 발생하고 있다. 다양한 인종과 국가가 공존하는 세계는 그야말로 다양한 인구 문제로 몸살을 앓고 있고, 미래에도 더 복잡하고 더 다양한 문제로 더 많은 고민을 겪을 것이다.

2. 초저출생 국가 한국, 무엇이 문제인가?

1) 끝을 모르고 떨어지는 한국의 출생율과 인구감소

옥스퍼드 인구문제연구소의 데이비드 콜먼(David Coleman) 교수는 한국이 인구감소로 인해 소멸국가 1호가 될 것으로 예측한 바 있다. 그것을 증명이라도 하듯이 2020년 한국의 합계출산율은 0.84명으로 세계에서 유례를 찾아볼 수 없는 수준으로 떨어지고 말았다. 이런 추세라면 콜먼 교수의 말대로 한국은 가장 먼저 지구상에서 사라지게 될지도 모르겠다. 1970년에 약 100만 명이었던 출생아 수가 2020년에는 30만 명도 되지 않으니 우리나라의 출생율 감소 속도는 실로 놀라운 상황이다. 사실, 저출생이 한국만의 문제는 아니다. 2018년을 기준으로 OECD 회원국 중 이스라엘과 멕시코를 제외한 모든 국가가 저출생 국가이다. 그러나 OECD 국가의 평균 합계출산율이 1.63명이고, 꼴찌인 우리나라의 바로 앞 순위인 스페인조차도 1.26명인 데다가 옆 나라 일본도 1.42명을 기록하고 있는 것을 볼 때, 우리나라의 저출생 문제가 얼마나 심각한지

소멸국가
인구가 줄어 국가가 없어질 수도 있다는 예측의 의미로 인구소멸국가라고도 함.

[그림 3-1-1] 출생아 수 및 합계출산율 추이

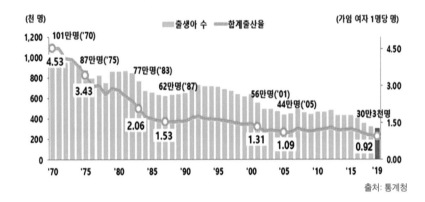

출처: 통계청

를 알 수 있다. 지난해부터는 출생자가 사망자보다 적은 데드크로스(dead cross) 현상까지 나타나서 우리나라의 인구감소는 현실화되기 시작하였다.

2) 우리는 왜 초저출생 국가에서 벗어나지 못하는 것일까?

최근에 통계청은 '결혼이 꼭 필요하다고 생각한다'에 대한 동의 여부를 조사했는데 놀랍게도 20대에서는 남성의 40.6%, 여성의 26.2%만이 동의하였고, 30대에서는 남성의 44.0%, 여성의 27.9%만이 동의하여, 10년 전 같은 조사에서 남성의 약 70%와 여성의 50% 이상이 동의한 것에 비해 큰 폭으로 줄어든 것을 보여주었다.

여성이 남성에 비해 결혼에 부정적인 생각을 가지고

데드크로스 현상

사망자가 출생아 수보다 많아지면서 인구가 자연감소하는 현상을 이르는 말로서 이는 인구 고령화에 따른 사망률 증가와 비혼, 만혼 증가에 따른 출생율 저하 등의 원인으로 나타나는 현상.

있는 점도 주목해야 할 것이다. 우리나라는 문화적 특성상 신생아의 대부분이 기혼가정에서 출생하고 있어서 다른 OECD 국가들보다 혼인율이 출생율에 매우 큰 영향을 미친다. 실제로 2020년 혼인 건수는 역대 최저를 기록하고 있고, 초혼 나이와 첫 출산 나이도 30세 이상으로 점점 늦어지고 있다.

왜 청년들은 결혼과 출산을 망설이는 것일까? 청년들은 불안정한 고용과 교육에서의 경쟁 심화, 높은 주택가격 때문이라고 대답했다. 또한 성차별적인 노동시장과 일과 가정의 양립이 어려운 점도 주요 원인으로 드러났다. 아이를 돌보아 줄 기관을 찾는 수요는 계속 많아지는데 돌봄 공급은 부족해서 돌봄 공백이 생기는 점도 출산을 기피하는 이유이다. 지금도 정책적으로는 남녀 모두의 육아휴직과 여성의 복직을 보장하고 있지만, 현실적으로는 직장에서의 성차별 때문에 육아휴직도, 복직도 어려운 경우가 많다. 남녀 모두 맞벌이를 바라면서 예전보다는 남성도 양육에 더 적극적으로 참여하고 있지만, 여전히 가사와 육아에서 여성의 몫이 과중한 점도 원인이다.

우리나라에서 2020년 합계출산율이 가장 높은 지역은 세종시(1.28명)로 서울시(0.64명)의 두 배에 달한다. 알다시피 세종시는 상대적으로 공무원이 많다 보니 고용이 안정되어 있고, 육아휴직이나 출산 후 복직 등이 국가정책에 따라 잘 이루어지고 있는 도시이다. 저출생 해결에 시사하는 바가 크다.

3) 초저출생사회, 정말 국가적 위기인가?

출생율 저하는 지금 당장보다는 신생아가 경제활동에 참여하는 약 20년

후에 파급효과가 나타나기 시작한다. 경제활동인구의 감소는 국내총생산, 투자, 수출, 연금 자원 등의 감소를 초래해서 국가의 경제성장을 저하시키고 재정부담을 심화시키며, 결국 국민 개개인의 삶에 나쁜 영향을 미치게 된다. 필자는 대학병원 소아청소년과 의사로서 몇 년 전부터 저출생 문제가 먼 산의 불구경처럼 여길 일이 아님을 절실히 깨닫고 있다.

올해 소아청소년과 전공의 충원율은 전국 정원의 30%에도 미치지 못했는데 저출생으로 인한 불투명한 미래가 가장 큰 원인으로 꼽히고 있다. 이런 추세라면 앞으로 아이가 아파도 지금처럼 쉽게 소아청소년과 의사를 만나기는 어려울 것이다.

그뿐만 아니라 도심 공동화 현상으로 서울에도 폐교를 걱정해야 하는 초등학교들이 생기고 있고, 예전에는 치열한 입시경쟁을 치러야 했던 대학들이 이제는 학생 유치 때문에 몸살을 앓고 있는 상황이 속출하고 있다. 저출생의 파급효과가 이미 시작된 것이다.

그렇다면 앞으로 무슨 일이 더 일어나게 될까? 우리나라는 저출생사회이면서 동시에 고령화사회이기도 하다. 경제활동인구인 젊은 층의 부양 의무는 점점 더 무거워질 것이고, 그로 인해 발생하는 세대 간 갈등, 높은 세금 부담, 소비 저하 등은 다시 출산을 피하는 원인이 될 것이다. 현재의 초저출생 추세는 머지않은 미래에 국가의 성쇠를 좌우하는 핵심 문제가 될 수 있다.

초저출생사회
합계출산율이 1.3 이하인 사회.

저출생사회
사회 전반적으로 아이를 적게 낳아 출생율이 감소하는 사회.

경제활동인구
만 14세 이상의 인구 중 경제활동에 노동력을 제공할 의사와 능력이 있는 사람. 실업자는 경제활동인구에 포함됨.

4) 그렇다면 무엇을 어떻게 해야 할까?

정부는 이러한 저출생 문제를 인지하고 2006년부터 5년 단위로 저출생·고령사회 기본계획을 수립하고 있다. 출산을 장려하기 위해 금전적 보상도 해 주고, 신혼주택 마련 문턱도 낮추어 보았지만 앞서 얘기했듯이 합계출산율은 세계에서 최저로 계속 곤두박질치고 있다. 2021년부터는 4차 계획을 추진하기 시작했는데 '삶의 질'과 '성평등'에 초점을 두어 바람직한 방향성을 표방한 것으로 보인다. 함께 일하고 돌보는 사회 조성을 위해 워라밸, 성평등, 아동 돌봄의 사회적 책임 강화 등을 목표로 삼고, 기혼가족뿐 아니라 다양한 가족 형태를 수용하려는 정책을 수립해서 출생율에 긍정적인 영향을 줄 것으로 예상된다.

현재 기업의 재량에 맡겨 제한적으로 시행하고 있는 육아휴직을 당연히 사용하는 것으로 인식하는 사회적 분위기를 조성하고, 남녀 모두 같은 기간의 육아휴직을 사용할 수 있게 하여 성차별을 없애려는 정책도 환영할 만하다. 육아휴직 기간에는 출산 전에 받았던 임금을 국가가 보장해서 마음 편히 육아에 임하게 하고, 그 혜택을 프리랜서나 자영업자 등까지 확대한 것도 바람직한 변화다. 이러한 정책이 성공한다면 직장에서 눈치 보는 일 없이 일과 가정의 양립이 가능해질 것이고, 양육은 성과 직업의 구분 없이 모두 함께 해야 한다는 사회적 인식 개선도 일어날 것이다.

합계출산율
한 여성이 가임기간(15~49세)에 낳을 것으로 기대되는 평균 출생아 수.

수많은 정책에도 불구하고 저출생은 사회적, 문화적 인식 변화가 선행되어야 해서, 단박에 해결하기가 어렵다. 출산할 당사자들이 현재뿐 아니라 미래 사회에 긍정적인 신호를 느껴야 아이를 낳을 것이고, 둘째, 셋째까지 낳는 것이 행복하다고 생각할 때에야 비로소 합계출산율이 오르게 될 것이기 때문이다. 저출생이 국가 생존을 위협하는 핵심 문제라는 것을 이해하고 고민하게 되었다면 이미 긍정적인 변화가 시작된 것으로 생각한다. 저출생은 더는 뒤로 미룰 수 없는 국가 최우선 과제이고, 그 해답은 미래의 부모인 학생들에게 미래에 대한 청사진을 제시할 수 있는 건강한 사회에서 찾아야 할 것이다.

3. 고령화와 노인 복지를 위한 과학기술적 지원

1) 인구의 고령화와 그에 따른 문제점

대한민국은 세계에서 유례가 없을 정도의 빠른 속도로 고령화가 진행되고 있다. 0~14세에 해당하는 아동의 구성비는 감소하는 추세인 반면, 65세 이상 노인의 구성비는 지속적으로 증가하고 있다. 2015년 65세 이상 노인의 구성비가 12.8%으로, 고령사회로 진입한 대한민국은 고령화가 가속화되어 2030년 25.5%에서 2040년 34.3%로 증가할 것으로 예측되며 일본에 이어 두 번째로 초고령사회로 진입할 것으로 전망된다.

이와 같은 인구 고령화는 의료기술의 발전 및 의료 지출 증가, 소득 및 교육 수준 증가가 진행됨에 따라 OECD 국가에서 공통적으로 나타나는 현상이다. 그러나 우리나라는 기대수명의 연장과 함께 저출생 추이가 확대되면서 타 OECD 국가에 비해 인구 고령화가 급속히 진행되는 특징을

[그림 3-1-2] 내국인 고령인구 및 구성비

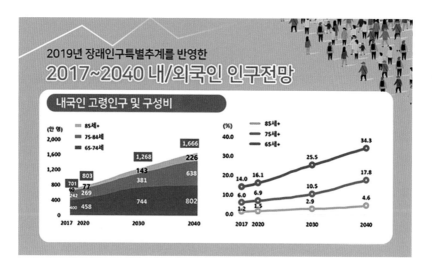

보이며, 이에 따라 향후 생산가능인구의 부족, 노동생산성 저하, 의료 비용의 증가, 세대 간 갈등 증가 등 경제·사회적으로 많은 문제를 초래할 것으로 예상된다. 우리나라는 고령화가 급속도로 진행되고 있으므로, 인구 구조의 변화에 충분히 대응하고 준비할 수 있는 시간이 많지 않고 벤치마킹할 수 있는 사례들도 많지 않다는 점에서 대응에 더욱 어려움을 겪고 있다. 따라서 초고령사회로의 급속한 변화에 따른 대응방안 마련이 전 분야에서 요구되는 상황이며, 과학기술 및 산업 측면에서도 고령화의 영향이 증가함에 따라 대응방안 마련이 필요한 시점이다.

고령사회
총 인구 중 65세 이상 인구 비중이 7% 이상인 사회.

기대수명
0세 출생자가 앞으로 생존할 것으로 기대되는 평균 생존 연수.

초고령사회
총 인구 중 65세 이상 인구 비중이 20% 이상인 사회.

2) 인구 고령화에 대비하기 위한 고령친화형 인프라 구축

　사회의 고령화를 늦추기 위한 방안들도 중요하지만 어차피 맞이할 미래라면 '행복한 노년이 보장되는 나라'를 준비하는 것도 필요하지 않을까? 급속한 고령화로 인해 주목받고 있는 것이 바로 '고령친화형 인프라 구축'이다. 그러나 새로운 형태의 인프라를 구축해야 하는 것은 아니다. 예를 들면, 도로 시설도 이에 해당한다. 선진국들은 도로가 잘 갖추어져 있어 노인들이 다니기에 불편함이 적으나 우리나라의 경우 일부 지역을 제외하면 도로 사정이 좋지 않아 노인들이 다니기에 위험하다. 노인 인구는 외부 출입을 하기가 용이하지 않으므로 세상과 단절되었다는 생각을 하게 되고, 이로 인해 노인 우울증이 쉽게 발생할 수 있다. 당연하게도 사회 인프라가 노인 친화적으로 바뀌면 노인들의 바깥 생활이 수월해지고 그로 인해 가정에서 돌보는 부담도 줄어들게 된다. 또한 적극적인 외부 활동으로 인해 노인 인구의 건강은 물론 자존감이 높아지는 효과를 얻을 수 있다. 그러므로 노인 인구의 삶의 질 향상을 넘어 그들의 삶을 온전하게 지원하기 위한 인프라 구축은 초고령 사회 대비를 위해 반드시 필요하다. 이미 20년 전부터 늙어 가는 사회와 싸워 온 세계 유일 초고령 사회 일본은 이러한 준비에 가장 앞서가고 있는 나라이다. 고령친화형 인프라 구축을 위해

고령친화 기술

노인이 되어 가는 과정 중에 있거나 이미 나이 든 사람들의 삶의 목표와 과제에 기술을 적용하고 발전시키는 학문 분야로서 노령화에 따른 사회 적응이 효과적으로 이루어지도록 예방, 기능 보완, 돌봄을 목표로 하여 추진되는 기술.

고령친화 기술(제론테크놀로지, gerontechnology)을 미래 산업으로 키워 저출생, 고령화의 실질적 대안으로 활용하고 있다.

3) 초고령사회의 대비를 위해 필수적인 '고령친화 기술'

고령친화 기술은 나이 들어 가는 사람들의 신체, 심리, 사회적 노화를 예방하고 적절한 생활을 하도록 잔존 능력을 지원하며 손상된 능력을 보충한다. 이로써 가족이나 돌봄자 부담을 덜어 주며, 노인이 참여하는 연구를 독려하는 것을 주 기능으로 한다. 고령친화 기술은 인간공학, 센싱 기술, 자동화, 이동성 지원, 정보 제공 및 의사소통 등의 분야에서 발전하고 있으며 이를 실제 상품화하고 일상생활에 적용하기 위한 연구들이 수행 중이다. 최근 AI와 로봇공학 기술의 발전으로 고령친화 기술 또한 획기적인 발전을 거듭하고 있으며 관련 연구가 활발하게 이루어지고 있다. 이 기술의 목적은 삶이 질 향상을 넘어 노화 예방의 개념에서 고령자의 삶을 온전하게 지원하는 데에 있다. 그래서 기술의 발전 역시 노화 예방, 기능 보완, 시니어 케어, 삶의 질 향상 등을 목표로 진행되고 있다.

① 예방을 위한 기술

우선 예방 분야를 살펴보자. 예방 분야는 사물인터넷과 헬스케어 서비스를 기반으로 한 데이터의 사업화가 핵심이다. 센서 정보를 기반으로 사고 및 위험을 탐지하고 관련 당사자 및 관리자에게 즉각적인 경보로 연결하여 예방할 수 있도록 하는 시스템이 주를 이룬다. 병원 치료 중심에서 예방 중심으로 변화하는 일상을 관리하고 진단 및 치료의 개인 맞춤화를 실현할 수 있는 기술 개발을 진행한다. 주요 사례로는 원격 건강

관리, 환경 기반 센서 시스템, 신체 활동 모니터링, 치매 진단/전문가 지원, 자율 동기부여, 낙상 예측 등이 있다.

② 기능 보상과 강화를 위한 기술

기능 보상 및 강화 분야는 나이에 따라 나타나는 퇴행, 손상, 질환 등 심신의 기능 저하를 보완해 주는 부분(보상)과 개인적 능력이나 환경을 변화시켜 성취감을 느낄 수 있도록 도와주는 부분(강화)이 있다. 기술 장애나 노화로 인한 능력 상실을 보상하는 기술을 보조 기술이라고 하나, 국내에서는 재활공학이라고 한다. 그리고 아직 잔존해 있는 능력을 강화하는 것을 지원 기술이라고 하며, 이러한 분야의 기술은 복지 용품이라는 분류로 개발, 보급하고 있다. 주요 사례는 의수, 의족, 의안 등의 신체 대체 기구와 병따개, 음식이 흘러내리지 않는 그릇, 보행보조기 등이 있다.

③ 돌봄을 위한 기술

돌봄 분야는 스스로 자기 자신을 돌볼 수 없는 사람을 지원하는 분야다. 헬스케어 분야는 기존의 치료 관련 의료서비스에 질병 예방 및 관리 개념이 합쳐진 건강 관리 시스템을 말한다. 일상생활을 지원하는 분야와 기능회복훈련을 돕는 작업치료 분야, 간호 및 의사 진료 보조서비스 등에 사용되는 과학기술도 이에 속한다. 주요 사례는 신체 활동을 지원해 주는 자세 변환 침대, 이동 장치, 로봇 재활, 보행 재활 시뮬레이터, 휴대용 심전도 측정기 등이 있다.

④ 삶의 질 향상을 위한 기술

마지막으로 삶의 질 향상 분야가 있다. 삶의 질은 삶의 객관적 조건뿐

[그림 3-1-3] 고령친화 기술 예

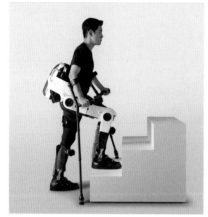

(a) 이동 지원 로봇

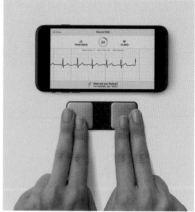

(b) 휴대용 심전도 측정기

(c) 파킨슨씨병 치료를 위한 가
상현실 기술

만 아니라 개인이나 집단이 경험하는 복지에 대한 주관적인 느낌(행복감,
만족감, 좌절감, 실망감 등)을 강조하는 개념이다. 삶의 질 향상 부분에서 고
령친화 기술 활용은 개인의 고립을 해소하는 환경을 제공하는 환경 대
응 제품과 심리적 안정감과 사회성을 향상시켜 주며 노화로 인한 불편을
해결해 주는 개인적 및 사회적 욕구 대응 제품으로 나눌 수 있다. 환경
대응 제품의 주요 사례로는 시니어 TV, 음성인식 기반 인터페이스 등이

있으며 개인적, 사회적 욕구 대응 제품으로는 시니어를 위한 가상현실, Connect-tech 제품 등이 있다.

4) 고령친화 기술의 정착을 위한 정책 마련

그러나 기술의 발전에도 불구하고 관련 정책이 제자리걸음이면 아무 소용이 없다. 과학기술이 잘 정착할 수 있도록 정책적인 변화가 필수적이다. 우선 고령친화 기술에 대한 연구 기반을 마련하여 노인의 신체 변화에 대한 포괄적인 연구가 가능하도록 해야 할 것이다. 더불어 기술개발에서 임상적용에 이르는 과정을 운영할 테스트베드(testbed)의 개발이 확산이 필요하다. 그리고 고령친화산업진흥법 개정, 고령친화산업 육성 거버넌스 확립, 민관합동 고령친화산업 TF 구성 및 운영 등 범부처 차원의 종합적인 지원체계가 마련되어야 하며 고령친화산업 육성을 위한 규제 개혁 또한 필요하다.

두 번째로 고령친화적 기술에 대한 정보 습득을 도와줄 전문가 양성이 필요하다. 구체적으로 산업 현장 수요와 발전 단계를 고려한 인력 수급 전망과 양성 계획을 수립해야 한다. 또한 이를 통해 고령친화적 접근이 필요한 분야에 대한 실무형 인재 양성이 체계적으로 이루어져야 한다.

마지막으로 국민 전반을 대상으로 한 고령친화 기술의 존재와 활용 방안에 대한 홍보가 필수적이다. 고령친화 기술을 적용한 산업체의 개별적인 마케팅과 더불어 정부 차원의 범국민적인 교육과 체계적인 홍보로 기술의 적절한 활용이 가능하도록 해야 한다.

미래의 고령사회는 노화가 진행된 후에 장기간 생존하는 노령인구가 증대된다. 신체적으로 기능이 감퇴하거나 심리적으로 변화를 겪으며 사회적으로 참여가 축소되는 문제를 해결하고 노령 인구의 새로운 욕구를 충족시켜 주는 일이 그들의 삶의 질을 좌우하게 될 것이다. 고령친화형 인프라 구축과 이를 위한 고령친화 기술 개발은 미래 고령자의 생활과 의료 및 건강 관리를 위한 양질의 서비스를 제공할 것이며, 인구의 노령화로 인해 발생하는 사회의 여러 문제들의 해결에도 큰 도움을 줄 것으로 기대된다.

5) 팬데믹과 보건

1918년 스페인독감, 1954년 아시아독감 등 우리의 생존을 위기로 몰아넣었던 감염병의 대유행이, 21세기 들어와서 2002년 사스(SARS, 중증급성호흡기증후군), 2009년 신종플루, 2014년 서아프리카의 에볼라, 2015년 메르스(MERS, 중동호흡기증후군), 2016년 지카바이러스 등을 거쳐서 2019년 코로나19(COVID-19, SARS-CoV2)에 이르기까지, 점점 잦아지는 빈도와 커지는 확산 규모를 보이면서 지속적인 위험을 초래하고 있다.

이러한 감염병의 위협은 예전에도 존재했으나, 19세기 이전까지만 해도 각국이 국내 방역으로 억제가 충분하다고 생각했다. 그러나 국제화 시대의 전개와 지구 환경의 변화 등에 따라 신·변종 감염병의 발생, 해외 인수공통감염병의 국내 유입, 확산 속도의 급속화 등이 일상화되었고, 이제는 제한적인 방역을 넘어 국제적인 공조와 글로벌 보건안보체계에서의 공동 대처가 절실히 필요한 상황이 되었다. 또한 이러한 위협은 앞으로 더욱 증가할 것으로 예상되어, 세계보건기구(WHO)에서는 21세기를 '감염병의 시대'라고 규정하고 있을 정도여서, 팬데믹은 앞으로도 반복 또는 재출현할 가능성이 매우 높다.

따라서 신·변종 감염병의 재발생 등으로부터 국민의 건강과 생명을 보호하고 사회, 경제적 피해를 최소화하기 위한 대응은 미래 사회를 준비하는 중요한 인프라가 되고 있다. 이를 위하여는 국제 사회의 보건 안보와 협력하여 다양한 방역 및 추적, 분석, 예방 및 치료 등에 힘쓰는 한편, 인간, 동식물, 자연 모두의 건강한 생태계를 형성하여 관리하는 '원헬스(One Health)' 개념에 입각한 전주기, 전방위적인 스마트 방역 시스템의 구축과 관리가 중요한 미래 이슈가 되고 있다.

원헬스
인간, 동식물, 자연환경 모두의 건강한 생태계를 같이 고려하여 보건 및 생태 환경을 만드는 정책 방향.

2장

전통 자원:
광물자원과 석유·가스

배위섭(세종대학교)

황의덕(한국광업협회)

● ○ ●

Jankel Adler, 〈Old man looking into a room〉, 1944

1. 첨단산업 활성화를 위한 광물자원의 확보는 선택이 아니다

1) 광물과 인류문명의 발달

광물은 인류 역사와 같이 발굴돼 왔다. 구·신석기 시대, 청동기 시대를 거쳐 철기 시대로, 기원전 16세기 후반 철기 문화를 일으킨 히타이트가 바빌로니아를 멸망시키고, 메소포타미아 지역과 동부 지중해 연안을 중심으로 광대한 제국을 건설하며 철기 시대의 개막을 열었다.

인류가 다양한 원소와 결합된 철광석에서 탄소에 의해 환원된 순수한 철인 선철을 얻어 낸 후, 인류의 문화, 특히 농경 문화는 비약적인 발전을 맞게 된다. 선철은 코발트, 탄소, 니켈 등의 다양한 금속과 결합해, 전보다 단단하고 보존성이 강한 도구로 사용되었다. 오늘날 4차 산업혁명을 맞이하며 광물의 혁명적인 재발견이 새로운 문명을 견인했음을 광물의 역사를 보면 알 수 있다.

인류의 문명이 발전함에 따라 1,000년 전보다는 100년

광물
자연에서 천연적으로 산출되는 균질한 고체로서 대부분 무기과정에 의해 생성되고 일정한 화학조성과 결정구조를 갖는 물질로 고유의 물리적, 광학적 특성과 특정한 화학적 조성을 나타내는 고체물이라 할 수 있음. 종류에 따라 금속 광물, 비금속 광물 및 에너지 광물로 분류.

전이, 100년 전보다는 10년 전이, 그리고 10년 전보다는 지금이 더 살기 좋아지고 편리해진 것은 사실이지만, 이러한 삶을 유지하기 위한 광물의 종류는 계속 증가해 왔으며 앞으로도 급속히 증가할 것이다.

2) 첨단산업과 전략 광물

미국은 ICT, 클린테크놀로지, 그린에너지, 전기차, 항공우주산업 및 방위산업, 헬스케어산업 등과 같은 첨단산업에 많이 소요되는 광물로서, 국가 안보와 경제적 번영에 필수적인 특정 광물이 대부분 수입에 의존하고 있다는 점에 주목했다. 이리한 해외 의존도는 상대국 정부의 세새, 사연재해 및 주요 광물의 공급을 방해할 수 있는 사건 등이 발생했을 때 미국 경제와 군대에 전략적으로 불리해질 수 있었으므로 미국 정부는 행정 명령으로 "중요한 광물의 안전하고 신뢰할 수 있는 공급을 보장하기 위한 연방 전략"에 따라 중요하다고 판단되는 35개 전략 광종을 발표했다.

알루미늄(보크사이트), 안티몬, 비소, 중정석, 베릴륨, 비스무트, 세슘, 크롬, 코발트, 형석, 갈륨, 게르마늄, 흑연(천연), 하프늄, 헬륨, 인듐, 리튬, 마그네슘, 망간, 니오븀, 백금족 금속, 칼륨, 희토류 원소군, 레늄, 루비듐, 스칸듐, 스트론튬, 탄탈륨, 텔루륨, 주석, 티타늄, 텅스텐, 우라늄, 바나듐 및 지르코늄이 그것이다. 이 광종들은 절대적인 것이 아니며 환경변화에 따라 주기적으로 첨삭될 것이다. 각 산업별로 필요한 광물 상품은 다음의 표와 같다.

지난 20년간 컴퓨터칩이 고속, 대용량 집적회로로 진화하면서 1980년대에는 12개 원소를 포함하는 광물을 사용하였으나, 1990년대에는 16개 원소를, 2000년대에는 60개의 원소를 포함하는 광물을 사용했다. 즉 컴

[표 3-2-1] 첨단산업 필요광물

첨단산업분야	필요광물
전기차	cobalt, lithium, manganese, nickel, graphite, copper
수소연료전지	platinum group
Laptops, LED, smart phones	indium, REE
항공우주 및 방위산업	beryllium, chromium, cobalt, nickel, titanium
농업기술	cobalt, copper, phosphate, selenium, zinc
재생에너지	copper, indium, tellurium
의료기기	zinc, platinum group, REE, titanium, nickel

출처: Ontario Critical Minerals

[그림 3-2-1] 주기율표

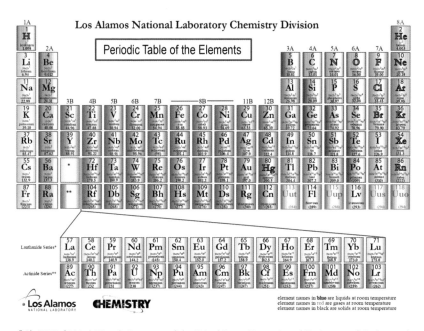

출처: USGS, "Critical Minerals Resources of the United States-Economic and Environmental Geology and Prospects for Future Supply", Professional Paper 1802, 2017.

퓨터 산업이 진화함에 따라 더 많은 광물을 사용한 것이다.

3) 우리나라의 광물자원 현황

우리나라는 세계적인 에너지 및 광물 소비국이다. 2019년 기준으로 대한민국은 세계 12위 경제 대국이며 1인당 GDP는 31,431달러다. 우리나라는 에너지·광물자원의 부존이 적어 해외 의존도가 높은 국가로, 2019년 기준으로 석유소비량 세계 8위, 액화천연가스(LNG) 도입량 세계 3위, 유연탄의 경우 중국, 인도, 일본에 이어 세계 4위 수입국으로 1억 3천만t을 수입하였으며, 철광석 및 동광은 중국, 일본에 이어 세계 3위 수입국이고, 아연광의 경우 세계 1위 수입국으로 세계 물동량의 77.5%를 수입하고 있다. 아연광의 경우 미국, 독일, 터키에 이어 세계 4위 수입국으로 세계적인 제련소를 보유하고 있어 수입량이 막대하여 에너지 자원의 95% 이상 금속광물 자원은 99.6%, 비금속광물 자원은 28% 이상 해외 수입에 의존하고 있는 실정이다.

한국지질자원연구원 연구결과에 따르면 한반도에 분포하는 주요 광물자원은 금속, 비금속, 사광상, 화석연료, 핵연료, 건축용 석재·골재 자원으로 구분할 수 있다. 금속광물 자원은 금, 은, 동, 납, 아연, 철, 망간,

금속광물 자원
광물자원학 또는 광상학 분야에서 구분하는 용어로 제련과정을 거쳐 순수한 금속원소를 분리할 수 있는 광물로 광석광물이라고도 함.

[표 3-2-2] 한국의 광물 매장량 현황

(단위: 백만 t, 억 원)

구 분		광 량	가채광량	정상가격 환산가치
금속광		125.4	94.4	61,624.3
비금속광		17,305.9	13,134.7	2.070,897.9
에너지광	석탄광	1,326.1	307.0	550,700.4
	우라늄광	73.6	54.0	13,427.7
계		18,830.9	13,590.1	2,696,650.4

출처: 한국광물자원공사, 2018.12.31. 기준

비금속광물 자원
광물 중 제련과정을 거치지 않고 전체 화학조성이나 물성을 이용하는 광물로 산업광물이라고도 함.

사광상 자원
특정한 기원 암석내에 포함되어 있던 경제성 있는 광물들이 풍화작용으로 분리되고, 그 광물들은 유수(river) 등에 의한 퇴적물 형성 과정에 중력 등에 의한 광물 분리현상으로 특정 퇴적 환경에 농집되는 것. 대표적으로는 사금, 다이아몬드 등이 포함.

석·골재 자원
석재와 골재 자원을 말하는 것으로 석재란 원석을 채취 또는 가공하여 건축, 토목, 공예 등에 사용하기 위한 암석재이고, 골재란 하천, 산림, 고유 수면, 기타 지상, 지하 등에 있는 암석, 모래, 자갈로서 건설공사의 기초재로 쓰이는 것을 말함.

중석, 휘수연석, 주석, 창연, 휘안석 및 희토류 등이며, 비금속광물 자원으로는 석회석, 백운석, 규석, 규사, 장석, 사문석, 고령토, 흑연, 활석, 납석, 규조토, 석면, 형석, 운모, 견운모 및 홍주석 등이 있다. 사광상 자원은 사금, 모나자이트, 저어콘, 티탄철석, 자철석, 석류석 등이고, 화석 및 핵연료 자원으로 무연탄과 갈탄 및 우라늄 광물이 산출된다. 석·골재 자원으로 화강암, 대리암, 셰일, 사암 및 골재가 있다.

광산물 수급 현황을 보면 2000년대 이후 2011년까지 생산, 수입, 수출, 내수 모두 전반적으로 증가 추세를 보였으나, 2011년 이후 자원 가격 하락과 함께, 광산물 총 수입액이 감소하고 내수 규모도 감소하였다. 이후 2017년 자원가격 상승으로 다시 수급 규모가 회복되었으나 2019년에는 수출 외에는 규모가 감소하였다. 국내 광산물 수급 현황을 보면 생산 1조 8325억 원, 수입 34조 7429억 원, 수출 5781억 원, 내수 35조

4287억 원으로 전년 대비 수출은 3.5% 증가한 반면, 생산은 6.8%, 수입은 1.7%, 내수는 1.9% 감소하였다.

2019년 국내 생산광산수는 총 330개(금속광 16개, 비금속광 310개, 석탄광 4개)로 전년에 비해 25개소가 감소하였다. 석회석류와 고령토류가 각각 102, 91여 개 광산에서 생산되었으며, 규석, 규사, 장석, 납석은 20개 내외의 광산에서 생산된 반면, 금·은을 제외한 나머지 금속광들은 1~2개 광산에서 생산되고 있다.

4) 북한의 광물자원 매장량 및 가행 광산

북한에 부존하고 있는 광물자원 종류는 석탄, 금속 22종, 비금속 19종 등 총 42광종이며, 이를 개발하고 있는 광산은 석탄광산 241개, 금속광산 260개, 비금속광산 227개이다(2017년 기준). 북한 광물자원의 특징은 남한에 비해 종류가 다양하고 매장량이 많다는 점이다. 북한의 광물자원 종류가 다양한 이유는 중생대에 활발한 화산활동 때문이다.

금속광물(구리, 금, 철, 납, 망간, 몰리브덴, 니켈, 은, 탄탈륨, 텅스텐 및 아연), 산업용 광물(흑연, 석회석, 마그네사이트, 인산염, 희토류), 에너지 광물(석탄과 우라늄)이 부존하고 있으며 그 가치는 약 2.9조 달러 정도로 추산된다. 북한에 매장된 마그네사이트는 전 세계 매장량의 18%를 차지하며 생산량은 전 세계 생산량의 2.5%(미국 제외)를 점유한다.

광업 생산을 보면 광업이 전체 GDP의 12.6%를 차지하는 중요한 산업이며 2016년 총 수출액이 28억 달러인데 그중 광물 수출액은 12억 달러로 금속광물 2억 2500만 달러, 철강 7400만 달러, 비금속광물(소금, 유황, 석재, 석고, 석회 및 시멘트 등) 3900만 달러 그리고 무기화학물질, 귀금속류

[표 3-2-3] 남·북한 광물자원 매장량 현황('16년 기준)

구분	광종	품위	단위	매장량	
				북한	남한
금속	금	금속기준	톤	2,000	47
	은	금속기준	톤	5,000	1,568
	동	금속기준	천톤	2,900	51
	연	금속기준	천톤	10,600	425
	아연	금속기준	천톤	21,100	460
	철	Fe 50%	백만톤	5,000	37
	중석	WO_3 65%	천톤	246	118
	몰리브덴	MoS_2 90%	천톤	54	22
	망간	Mn 40%	천톤	300	176
	니켈	금속기준	천톤	36	-
비금속	인상흑연	FC 100%	천톤	2,000	122
	석회석	각급	억톤	1,000	132
	고령토	각급	천톤	2,000	116,321
	활석	각급	천톤	700	8,125
	형석	각급	천톤	500	477
	중정석	각급	천톤	2.100	842
	인회석	각급	억톤	2	-
	마그네사이트	MgO 45%	억톤	60	-
석탄	무연탄	각급	억톤	45	4
	갈탄	각급	억톤	160	-

출처: 북한의 광물자원통계(한국광물자원공사, 이인우)

및 희토류금속이 800만 달러를 차지한다. 이들 대부분은 중국으로 수출된다.

5) 향후 글로벌 광물 시장 주요 동향

최근 산업패러다임 변화로 신산업 원료 광물 수요가 빠르게 증가하고 있다. 주요국의 신산업 육성(미래 자동차, 로봇 등)에 따른 소재 부품 확보, 글로벌 밸류체인(GVC) 구축 경쟁으로 원료 광물자원 수요가 현저히 증가 추세를 보일 것으로 전망되고 있다.

또한 자원 보유국의 수출 통제, 분쟁 광물 지정 등 공급 불확실성이 존재한다. 중·일 센카쿠 열도(중국명 댜오위다오) 영토 분쟁('10.9.), 미·중 무역 분쟁('19.5.) 시, 중국은 희토류 수출 통제를 주요 협상 카드로 사용한 적이 있다. 중국은 전 세계 희토류 매장량의 37%, 생산량의 71%를 점유

[그림 3-2-2] 주요 필수 광물자원의 수요 증가(CAGR: 연평균 증가율)

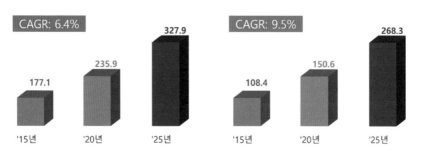

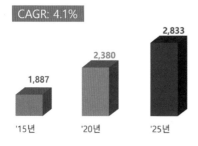

[표 3-2-4] 자원선진국의 전략 광물 확보방안

구 분	주요내용
미 국	핵심 광물의 안정적 공급 전략 발표('19.6.), 경제·안보 부문 35개 핵심 광물에 대한 ① 광산개발 관련 정부 지원 강화, ② 지표·지하심부 광체 부존 잠재성 평가를 위한 광역 탐사, ③ 핵심 광물의 생산-가공-유통 정보제공 및 매장량 평가 추진
호 주	핵심 광물 전략(Australia's Critical Minerals Strategy, 2019)을 통해 24개 핵심 광물 선정, 자국이 보유한 핵심 광물의 ① 투자 촉진 및 유치 활동 활성화, ② 기술혁신을 위한 연구개발 지원 확대, ③ 관련 인프라 확충 등 3대 목표 추진
일 본	제5차 에너지기본계획('18.7.), JOGMEC(Japan Oil, Gas and Metal Corporation) 등을 통해 해외 자원 확보 활동에 대한 민간 지원 강화 및 자원 수급 안정 도모

('18)하고 있으며, 미국은 희토류 수입량의 80%를 중국에 의존(USGS, '19)하고 있다. 그러므로 신흥 자원부국의 수출통제 및 과세강화 등 자국 중심 정책이 확산할 것으로 예측되고 있다.

주요 선진국들은 전략 광물의 안정적 수급을 위하여 미래 광물자원의 수요와 공급제한 리스크 등을 고려하여 자국의 안정적 자원 확보·개발 전략을 추진하고 있다.

자원이 부족하면 중화학공업 위주의 산업구조로 대부분의 전략 광종을 해외에 의존하는 우리나라로서는 자원선진국들과 같이 ① 국내에 공급 가능한 광물자원이 얼마나 있는지 초정밀 조사가 필요하며 더불어 연구개발 및 인력 양성이 최우선적으로 실시되어야 할 것이다. 또한 ② 조달청과 한국광물자원공사에서 비축하고 있는 광종의 전략 비축량을 확대하고, 도

전략 광종

세계 주요 선진국 경제 발전에 필수적인 광물로서 지질학적 희소성, 지정학적 위험성, 각국의 통상정책 및 여러 변수에 의해 공급이 위험에 처할 수 있는 금속 및 비금속을 지칭.

시 광산의 활성화로 환경오염을 줄이며 자원을 재활용하는 방안을 적극 추진해야 할 것이다. 또한 남한에 비하여 자원이 풍부한 ③ 북한 자원개발을 적극적으로 추진하여 광물의 안정적 공급원으로 확보하기 위해서 양측 간 정치적 분쟁에도 경제협력이 가능토록 광물개발 특구를 선정하여 체계적으로 개발할 수 있는 기반을 만들어야 할 것이며, ④ 전략 광물의 대체물질 연구개발을 강화해야 할 것이다. 중국은 2010년 센카쿠(중국명 댜오위다오) 열도 영토 분쟁 시, 일본을 상대로 희토류를 국세 분생의 해결 수단으로 사용하여 일본을 굴복시켰으며, 다급해진 일본은 '원소 전략 프로젝트'를 추진하여 희토류 대체재 개발에 성공하였다. 토요타 자동차의 경우 네오디뮴 사용량을 반으로 줄이고 고온에서도 자력이 손상되지 않는 신형 자석을 개발했으며, 토요타 산하 자동차부품 대기업인 제이텍트는 아예 네오디뮴과 디스프로슘을 사용하지 않는 자석을 개발하였다.

해외 자원개발 전문 공기업인 한국광물자원공사가 한국광해광업공단으로 구조조정 될 것으로 보여 해외자원개발 생태계가 크게 위축될 우려가 있으므로 ⑤ 민간의 해외자원개발 투자 활성화를 위한 특별융자, 세제지원, 공기업의 전문기술인력 지원 및 관련 연구소의 전략 광물 R&D 강화로 조사, 탐사, 개발, 생산, 활용 등 광업 전주기 연구 활용 등 정부의 적극적인 지

희토류

원소기호 57번부터 71번까지의 란타넘(란탄)계 원소 15개와, 21번인 스칸듐(Sc), 그리고 39번인 이트륨(Y) 등 총 17개의 원소. 화학적으로 매우 안정적이고, 열을 잘 전도하는 특징이 있으며, 상대적으로 탁월한 화학적·전기적·자성적·발광적 성질을 가짐. 현대사회에서 희토류는 전기 및 하이브리드 자동차, 풍력발전, 태양열 발전 등 21세기 저탄소 녹색성장에 필수적인 영구자석 제작에 꼭 필요한 물질.

원이 필요한 시점이다.

2. 미·중 갈등 사이의 석유·가스 확보 방안

무역분쟁으로 시작된 미국과 중국의 갈등이 안보, 경제, 영토, 자원에너지 확보 등으로 확장되고 있으며, 점점 심화되고 있는 양상이다. 국제사회 리더의 역할을 하고 있는 미국은 투키디데스의 함정에 빠질 것을 우려하고 있다. 에너지의 대부분을 해외에 의존하고 있는 우리나라는 중동국가로부터 대부분의 석유와 가스를 수입하고 있는 상황이며, 수송로의 주요 지점인 호르무즈 해협, 말라카 해협은 막강한 해군력을 지닌 미국의 협조로 안전하게 수송이 이루어지고 있다. 하지만 중국의 경제력과 군사력의 부상에 따른 힘의 재편이 있을 경우, 우리의 원유 확보에 이상이 있을 수 있다. 여기에서는 미·중 갈등의 국제정치 상황에서 우리나라의 석유, 가스 개발 현황과 확보 방안에 대하여 알아보기로 한다.

투키디데스의 함정
아테네 출신의 역사가이자 장군이었던 투키디데스가 주장한 이론으로, 급부상한 신흥 강대국이 기존 세력 판도를 흔들면 결국 양측의 무력충돌로 이어지게 된다는 용어로 사용.

1) 중국과 미국의 국제 정세

세계의 중심으로 자처하던 중국은 1840년 아편전쟁

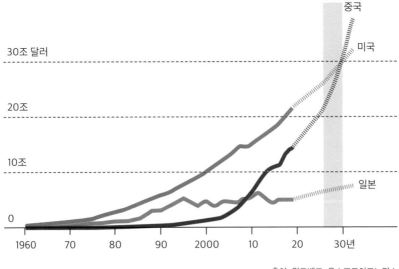

[그림 3-2-3] 미국, 중국, 일본 GDP 변화 추이

중국

미국

30조 달러

20조

10조

일본

0

1960 70 80 90 2000 10 20 30년

출처: 월드뱅크, 옥스포드이코노믹스

이후 서구제국의 침탈과 죽의 장막으로 인한 폐쇄경
제의 어려움이 있었지만, WTO 가입 이후 세계의 제조
공장 역할을 하고 있으며 2030년 이후에는 경제 규모
가 미국을 앞지를 것으로 예상된다. 트럼프 전 미국 대
통령 때부터 시작된 미·중 간의 무역갈등은 이후 바
이든 대통령으로 이어졌으며 단기간에 매듭지어질 것
으로 보이지는 않는다.

기축통화인 달러의 보유국이며 세계 제일의 군사력
을 보유한 미국은 패권의 유지를 위하여 중국과의 무
역분쟁을 마다하지 않고 있으며 중국은 일대일로, 아
프리카 진출, 위안화의 기축통화 시도 등으로 미국에
경쟁적인 자세를 취하고 있다.

기축통화
국제간의 결제나 금융거
래의 기본이 되는 통화를
말하며, 1960년 미국의
트리핀 교수가 주장했던
용어. 현재 기축통화로
취급되는 통화는 미국의
달러화.

제3부 인구와 자원 해결은?

[그림 3-2-4] 미·중 군사력 비교

미국		중국
7405억 달러	국방비(2021년)	2090억 달러
148만 명	병력 규모	218만 명
2,281대	전투기·폭격기	1,950대
11척	항공모함	2척
3,800개	핵탄두	200개 이하

출처: 미 국방부, 헤리티지재단

중국은 북으로는 러시아, 몽골, 서쪽으로는 인도, 카자흐스탄, 남으로는 베트남, 라오스 등 14개국과 인접하고 있으며 동중국해와 남중국해, 태평양 등 해양은 일본, 우리나라, 타이완 등의 국가에 의하여 막혀 있는 상황이다. 중국은 해양 영토 확장을 위하여 일본과는 센카쿠 열도, 동남아 국가와는 스프래틀리 군도 등에서 분쟁을 지속하고 있으며 이는 군사적인 목적뿐 아니라 석유, 가스 등 막대한 해양에너지 자원의 확보와도 관련이 있다.

2) 세계 원유 매장량과 시장

1990년대 초까지 원유를 수출하던 중국은 급속한 경제성장으로 1993년부터는 석유 수입 국가가 되었다. 최근 미국은 육상광구에서 대규모의 셰일가스가 개발되어 자국 내 원유 공급에 문제가 없으졌으나, 중국은 급격한 경제발전에 따른 에너지 수요의 증가로 인하여 원유 공급에 문제가 심각해지고 있으며, 원유 확보에 총력을 기울이고 있다. 2020년 중국의 석유 해외 의존도는 70%에 육박하고 있고, 수입 원유의 80% 이상이

[그림 3-2-5] 세계 원유 매장량

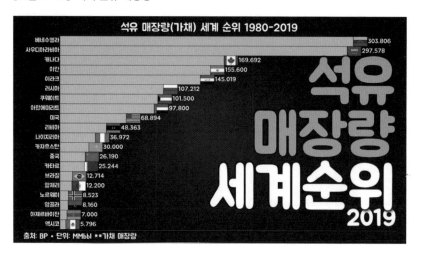

[그림 3-2-6] 미국과 중국의 원유 수입 규모 추이

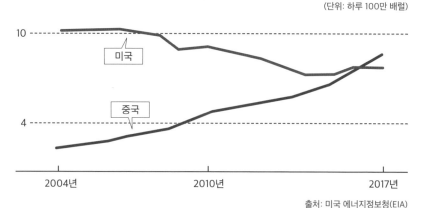

통과하는 말라카 해협이 미국의 영향력 아래 있음에 따라 미얀마를 통과
하는 육상파이프 라인을 건설하는 등 에너지 안보 확보에 전력을 다하고
있다.

제3부 인구와 자원 해결은?

[그림 3-2-7] 시기별 유가 변동 추이

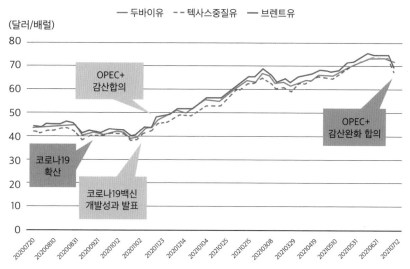

출처: http://www.koreapds.com

주: 주간유가 평균

　엑손, 쉐브론 등 서구 메이저 회사는 1900년대부터 중동 등 산유국에 진출하여 조광 계약을 체결하고 원유를 확보하여 왔으며, 저유가 시대가 유지되어 왔으나, 1970년대 산유국들의 정치적인 입지가 강화되고 석유 공급을 무기화하면서 유가 상황이 급변하게 되었다. 미국의 이라크 공습 등 중동 지역의 정치적 상황이 악화되고, 2008년 글로벌 금융위기, 최근의 코로나 확산 등 세계 경제가 출렁임에 따라 유가도 동반하여 영향을 받고 있다.

　원유의 거래는 런던, 뉴욕, 싱가포르, 로테르담 등의 원유거래소에서 이루어지고 있으며 북해유, 텍사스중질유(WTI), 두바이유를 3대 기본 유종으로 하여 거래가 이루어지고 있다.

3) 석유 파동과 우리나라의 대응 현황

1974년 제4차 중동전쟁 당시 아랍 산유국들은 석유를 무기화하여 이스라엘에 친화적인 서구국가들에 대하여 원유 공급을 제한하였다. 이에 국제 석유 가격이 급상승하고 전 세계가 경제적 위기와 혼란을 겪었다. 제2차 석유파동은 제1차 석유파동이 진정된 이후 1978년부터 친미적인 팔레비 정권을 타도한 호메이니의 이란 이슬람 혁명이 직접적인 계기가 되었으며 당시 세계 제2위의 석유 수출국인 이란이 전면적인 대외 석유 금수 조치를 단행하여 전 세계에 석유 위기를 초래하였다.

두 차례의 석유 파동은 석유 의존도가 심한 여러 나라에 큰 충격을 주었다. 무역 의존도가 높은 우리나라는 1차 석유 파동으로 불황 속의 물가상승이라는 스태그플레이션이 나타났으며 정부는 장기 에너지 종합대책을 수립·발표하고 중화학공업의 육성을 본격적으로 추진하였다. 우리나라는 1차 석유파동 후에 경제 체질 개선에 노력하였지만 2차 석유 파동을 맞게 되어 유가가 급등하고 경제성장에 심각한 위험이 감지되었다. 정부는 동력자원부와 석유개발공사를 설립하고 본격적인 에너지 자원의 확보에 힘쓰게 되었으며 기업들도 해외 자원의 개발에 적극적인 투자를 하게 되었다. 두 차례의 석유 파동 이후 에너지의 안정적인 공급, 에너지 절약, 해외 자원 개발 및 신재생에너지 투

석유 파동
국제 석유 가격의 상승으로 인해 석유를 소비하는 국가들을 비롯해 세계적인 혼란을 겪은 사건. 1973~1974년의 1차 파동은 이스라엘과 아랍의 이슬람 문명권 사이의 전쟁으로 시작되었고, 1978~1980년에 2차 파동은 이란의 석유 생산 축소와 수출 중단으로 발생.

[그림 3-2-8] 우리나라 해양 원유 수송로

석유수출국기구(OPEC, Organization of the Petroleum Exporting Countries)

1960년에 이라크, 이란, 쿠웨이트, 사우디아라비아, 베네수엘라가 창설한 국제기구로 회원국들의 석유 정책 조정을 통해 상호이익을 확보하는 한편, 국제석유시장의 안정을 유지하기 위해 석유 수출국 간의 국제 생산자 카르텔을 형성.

국제에너지기구(IEA, International Energy Agency)

경제협력개발기구(OECD) 산하 단체로 석유 공급 위기에 대응하기 위해 각종 에너지 자원 정보를 분석 및 연구하는 국제기구.

자 등의 에너지 정책이 적극적으로 추진되고 있다.

2019년 우리나라의 에너지 수입은 국가 총수입의 25%에 달하고 있다. 석유와 가스를 해외에 의존하고 있는 우리나라는 반도체, 자동차, 석유화학제품의 수출 등으로 확보한 자본을 원유와 가스 수입에 사용하고 있다. 중동전쟁 등 산유국의 국란으로 인한 유가 급등 시 우리나라는 원유의 확보에 어려움을 겪어 왔다. 1970년대 두 차례의 석유 파동 이후 산유국은 **석유수출국기구(OPEC)**을 결성하여 원유를 무기화하고 있으며 서구국가들은 **국제에너지기구(IEA)**를 중심으로 90일 원유 비축 의무, 에너지 절약 정책 등을 추진하여 석유 의존도를 감소하는 노력을 기울이고 있다.

에너지의 97%를 해외에 의존하고 있는 우리나라는 우리 기업이 해외에 확보하고 있는 유전의 생산량을 증가시켜 자주 도입률을 증가시키는 노력을 하고 있다. 석유공사와 SK, GS 등 국내 기업은 베트남, 카자흐스탄, 아부다비 등 해외에 유전을 확보하고 있으며, 탐사와 개발을 통하여 생산된 원유를 국내에 도입하거나 매각하여 이윤을 확보하고 있다. 1980년대에는 석유공사와 현대, SK 등 국내 기업이 예멘의 마리브 유전에서 대형 유전을 발견하여 생산하였으며, 최근까지 석유공사와 SK, GS 등 정유회사를 중심으로 베트남, 미얀마, 카자흐스탄 등 자원부국에 진출하여 유전을 발견하고 생산하는 성공적인 진출을 한 바 있다.

하지만 대부분의 원유는 중동 등 산유국으로부터 수입하고 있어서 유가가 급등할 경우에는 우리 경제에 많은 부담이 되고 있다. 전통적인 석유는 사우디아라비아, 이란, 이라크 중 중동국가를 중심으로 생산되었으나 최근 캐나다의 오일샌드, 베네수엘라의 헤비오일 등 비전통 원유의 개발로 인하여 국가별 원유생산의 순위가 변동되고 있다.

4) 국내 대륙붕탐사

우리나라 석유 개발은 1970년대 쉘(Shell)사 등 메이저 석유회사들이 국내 대륙붕의 탐사를 시작하면서 관심을 가지게 되었다. 원유 부존의 가능성이 높은 수심 200m 이하의 바다인 대륙붕이 주요 탐사 지역이

콘덴세이트
일부 천연가스에 섞여 나오는 경질 휘발성 액체 탄화수소로 지하에 매장돼 있을 때는 기체로 존재하지만, 지상으로 끌어올리면 액체가 됨. API 40~50 이상 초경질유를 말하고 나프타 함량이 약 50%로 중질유(약 20%) 보다 많음.

[그림 3-2-9] 국내 대륙붕 광구

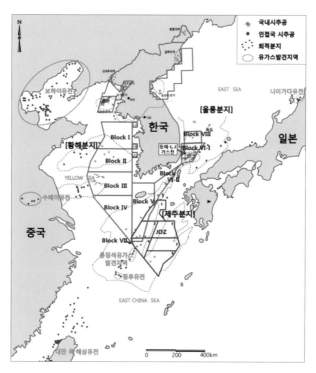

되었으며 우리나라의 해역을 크게 7개로 나눈 일곱 개의 광구가 지정되었다. 1990년대에는 울산 앞바다의 6-1광구 내부의 동해가스전에서 천연가스와 콘덴세이트(Condensate)가 발견되어 최근까지 생산되고 있으며 인근 유망 광구를 중심으로 지속적인 탐사가 이루어지고 있다.

3장

미래 자원: 생물다양성과 생태계 서비스

이홍금((전) 한국해양과학기술원 부설 극지연구소)

박 현(국립산림과학원)

Maurice Pillard Verneuil,
⟨Coraux, madrepores, étoiles de mer et algues, cretonne imprimée⟩, 1897

들어가며

생물다양성은 인간에게 물, 산소, 비옥한 토양, 기후 조절, 의약품 및 음식을 제공할 뿐만 아니라 여가 활동과 영적인 영감 같은 문화에도 크게 기여한다. 인간 활동 및 관련된 기후변화, 오염, 산림 훼손, 남획과 밀렵 등으로 인해 생물은 멸종 위기에 처해 있고, 산업화 이전에 비해 100배 이상의 생물종이 매년 지구에서 사라지고 있다. 전통적인 바이오 경제는 작물, 동물 및 미생물에 의존하고 있지만 이러한 자원의 지속불가능한 사용으로 인해 지구 생태계는 이제 한계에 다다르게 되었다. 지구의 생물다양성을 유지하는 것은 인류의 건강을 위한 필수요소이며, 미래세대를 위해 생물다양성의 손실을 줄이기 위한 행동이 시급히 요구된다.

1. 얼마나 많고 다양한 생물이 있을까?

1) 생물다양성의 정의

생물자원은 인류에게 실제적 또는 잠재적인 효용 또는 가치를 가진 유전 자원, 생물체 또는 그 일부, 개체군 또는 생태계의 기타 생물적 구성요소를 말한다. 생물다양성협약(CBD: Convention on Biological Diversity)에 따르면 생물다양성(Biodiversity: Biological Diversity)은 "육상, 해양 및 기타 수중 생태계와 이들 생태계가 부분을 이루는 복합 생태계 등 모든 분야의 생물체 간의 변이성을 말하며, 이는 종 내의 다양성, 종간의 다양성 및 생태계의 다양성을 포함"한다고 정의하고 있다. 종다양성은 식물, 동물 및 미생물의 다양한 생물종으로 이해되는데 일반적으로 한 지역 내 종의 다양성 정도 또는 분류학적 다양성을 지칭한다. 유전다양성은 종 내의 유전자 변이를 말하는 것으로, 같은 종 내의 여러 집단을 의미하거나 한 집단 내 개체들 사이의 유전적 변이를 의미한다. 생태계는 식물, 동물, 미생물군과 이들을 둘러싼 무생물적 환경 간의 동적인 복합체를 말하는데, 기능적 단위로서 상호작용을 하고 있으며 정치·행정적 경계인 국경과 관계가 없다.

2) 생물다양성 길라잡이

생물다양성협약(CBD)은 1992년 리우의 지구정상회담에서 150개 정부가 서명한 협약의 하나로, 지속가능한 발전을 촉진하기 위해 채택되었다. 생물다양성협약은 생물다양성의 보존, 그 구성요소의 지속가능한 이용 및 유전 자원의 이용으로부터 발생된 이익의 공평한 공유를 목적으로 하는데. 이 협약을 통해 자국의 자연 자원에 대한 주권이 인정되었다. 2010년 제

생물다양성
지구상에 존재하는 다양한 생물 모두를 대상으로 지구상의 생물종(Species)의 다양성, 생물이 서식하는 생태계(Ecosystem)의 다양성, 생물이 지닌 유전자(Gene)의 다양성을 총체적으로 포함.

생물다양성 협약
1992년 리우에서 열린 유엔환경개발회의(UNCED)에서 채택되었으며 생물다양성의 보존, 그 구성요소의 지속가능한 이용 및 유전 자원의 이용으로부터 발생된 이익의 공평한 공유(ABS)를 목적으로 함.

10차 CBD 당사국 총회에서 채택된 '나고야 의정서'는 ABS(Access to genetic resources & Benefit-Sharing) 규정들을 지원함으로써 유전자원 제공자와 이용자에 대한 법적 확실성 및 투명성을 제공하게 되었다. 우리나라는 CBD에 1994년에 가입하였고, 1995년에 발효하였다. 이후 2012년에 「생물다양성 보전 및 이용에 관한 법률」을 제정함으로써 생물다양성의 체계적 보전과 관리, 지속가능한 이용을 위한 법적 기반을 마련했다.

생물다양성 정보공유체계(CBD-CHM: CBD Clearing-House Mechanism)의 주요 기능은 국가 내 및 국가 간의 기술 및 과학적 협력을 증진시키고, 생물다양성 정보를 교환하고 종합하는 국제체제를 개발하며, 인적 및 기술적 네트워크를 구축하는 것이다. 생물다양성협약 사무국은 정보공유체계를 담당할 국가연락기관의 설립을 요구한바, 우리나라는 공식적으로 환경부와 외교부가 동시에 지정되었으며 국가 생물다양성 정보공유체계(www.kbr.go.kr)가 담당하고 있다.

세계생물다양성정보기구(GBIF: Global Biodiversity Information Faculty)는 2000년 OECD 장관급 포럼을 통해 설립이 승인된 국제기구이다. 전지구관측시스템 GEOSS(Group on Earth Observations)의 사회적 혜택 분과에서 생물다양성 분야의 데이터로 GBIF의 데이터가 핵심으로 활용되고 있다.

기후협약의 IPCC와 유사한 생물다양성 및 생태계

ABS
생물다양성협약에 규정된 '유전 자원에 대한 접근과 이의 이용으로부터 발생하는 이익의 공정하고 형평한 공유'를 지칭.

생물다양성정보기구
2012년에 설립된 생물다양성의 상태와 사회에 제공하는 생태계 서비스의 상태를 평가하는 정부 간 기관.

[표 3-3-1] 생물다양성 정보공유체계의 생태계별 주제와 현황

주제	현황
농업 생물다양성	지구 지표면의 1/3 이상이 식량 생산을 위해 농토로 이용. 농업이 생태계 및 서식지 변경의 가장 큰 원인.
건조 및 반습지 생물다양성	세계인구의 약 35%가 거주. 과도 수확, 이용 변경 및 기후 변화 등에 따다 생태계가 쉽게 파괴되어 보전대책 수립이 필요.
산림 생물다양성	육상 생태계의 상당수를 점유하며 생물에게 다양한 서식지 제공. 지난 8,000년 동안 전 지구 천연 자연 산림 45% 소멸.
내수 생물다양성	습지, 늪, 호수, 강, 지하수, 동굴을 포함한 내륙습지는 인류에 의해 가장 많이 변경되고 훼손된 생태계.
섬 생물다양성	표면적 당 수 많은 고유종이 서식하며 특수한 생태계를 유지. 침입 외래종들에 의한 고유 생태계 교란. 환경 파괴없는 개발전략 필요.
해안 및 연안 생물다양성	해양은 지구 표면적의 70% 차지. 남획, 화학물질 오염과 과영양화, 해양산성화, 기후변화에 따른 생태계 파괴.
산지 생물다양성	토지 피복 변경 및 농업 용지로의 전환, 전쟁, 지진, 화재, 기후변화에 의한 산지 생태계 파괴.

출처: 국가 생물다양성 정보공유체계

서비스에 대한 정부 간 과학 정책 플랫폼(IPBES: Inter-governmental Science-Policy Platform on Biodiversity and Eco-system Services)는 정부 간 기관으로 글로벌 및 지역 평가를 수행한 예는 기후변화의 맥락에서 생물다양성, 물, 음식 및 건강 간의 상호연관성에 대한 넥서스 평가를 비롯하여, 생물다양성 손실의 근본 원인과 2050년 생물다양성 비전 달성을 위한 변화 및 생물다양성과 자연이 사람들에게 기여한 비즈니스의 영향과 의존성에 대한 방법론적 평가 등이다. 생물다양성과 기후변

생물다양성 및 생태계 서비스에 대한 정부 간 과학 정책 플랫폼

2012년에 설립된 생물다양성의 상태와 사회에 제공하는 생태계 서비스의 상태를 평가하는 정부 간 기관.

화 사이의 상호연결에 대한 작업도 수행하고 있다.

2015년 전 세계 유엔회원국가들이 모여 합의한 UN2030 의제인 '지속가능발전 목표(SDGs) 17개 중 생물다양성과 직접 관련된 목표는 SDG 14(해양생태계 보존)와 SDG 15(육상생태계 보호)이다. SDG 14는 지속가능발전을 위한 대양, 바다, 해양 자원의 보존과 지속가능한 이용이다. 해양오염을 막고, 지나치게 많은 양의 어류 수확을 근절하며, 지속가능한 어업 및 양식업 가능이 목표이다. SDG 15는 육상생태계 보호·복원 및 지속가능한 이용을 증진하고, 산림을 지속가능하게 관리하며, 사막화를 방지하고, 토지황폐화 저지와 회복 및 생물다양성 손실 중지를 가능하게 한다. 개별 국가들은 해양, 산림, 습지, 호수 등의 생태계를 보호함으로써 다양한 생물종이 서식할 수 있도록 정책을 마련하고 있다. 그러나 생태계 보전은 개별 국가의 정책만으로는 가능하지 않으며 글로벌 차원의 협력이 요구된다.

3) 세계와 우리나라의 생물종

46억 년 전에 지구가 탄생한 이후 지구상에 생물이 처음 나타난 것은 38억 년 전으로 추정되는데 생물은 다섯 번의 대멸종을 거치면서 멸종과 진화를 계속해 왔다. 국제자연보존연맹(IUCN)에 의하면 지구상 생물종의 분포는 열대에서 74~84%, 온대에서 13~24%, 한대에서 1~2%로 추정된다. 특히 열대 지역 중에서도 열대우림은 지구 표면적의 7% 정도를 차지하며 지구 생물종의 약 반수가 서식하고 있다. 전체적으로 세계 생물다양성의 70%를 차지하고 있는 17개의 국가들은 생물다양성 부국으로 꼽히는데 호주, 브라질, 중국, 에콰도르 등의 국가들이다.

[그림 3-3-1] 분류체계별 세계 생물종 수

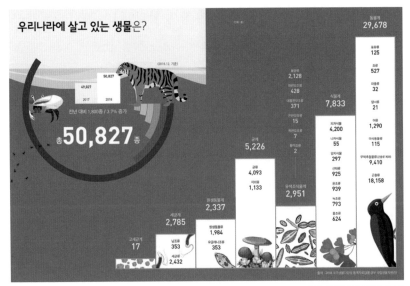

우리나라에 살고 있는 생물은?

총 **50,827** 종

출처: 국립생물자원관, 2019

Species 2000은 전 세계 분류학자들이 참여하는 분류학 데이터베이스 관리자들의 자율적 연합으로, 세계에서 알려진 식물, 동물, 곰팡이 및 미생물 종에 대해 균일하고 검증된 인덱스를 대조하고 있다. Species 2000은 세계생물다양성정보기구(GBIF)의 참여기관으로, 유엔환경프로그램(UNEP)과 생물다양성협약(CBD)에 데이터를 제공하고 있다. Species 2000과 통합분류정보시스템(ITIS)이 제공하는 생명카탈로그(Catalogue of Life)는 생물종의 체크 리스트와 분류학 체계에 따른 가장 포괄적이고 권위 있는 글로벌 인덱스로서 현재 지구상의 190만 종의 이름, 관계 및 분포에 관한 필수 정보를 제공하고 있다.

국립생물자원관은 국가 생물자원 인벤토리 구축을 위하여 매년 한반도에 서식하는 기존의 자생 생물과 새로이 연구 및 발굴된 생물종을 재

[표 3-3-2] 세부 분류군별 국내 생물종 수

구분			종 수	비율(%)
동물계	척추동물류	포유류	125	0.24
		조류	537	1.02
		파충류	32	0.06
		양서류	21	0.04
		어류	1,294	2.46
	미삭동물류		128	0.24
	무척추동물(곤충류제외)		9,900	18.81
	곤충류		18,638	35.42
			30,675	58.29
식물계	관속식물류		4,576	8.69
	선태류		941	1.79
	윤조류		956	1.82
	녹조류		812	1.54
	홍조류		641	1.22
			7,926	15.06
유색조식물계	돌말류		2,174	4.13
	와편모조류		442	0.84
	대롱편모조류		378	0.72
	은편모조류		15	0.03
	차견모조류		7	0.01
	황적조류		2	0.00
			3,018	5.73
균계	균류		4,288	8.15
	지의류		1,133	2.15
			5,421	10.30
원생동물계	원생동물류		2,018	3.84
	유글레나조류		354	0.67
			2,372	4.51
세균계	남조류		377	0.72
	세균류		2,821	5.36
			3,198	6.08
고세균계	고세균류		18	0.03
			18	0.03
계			52,628	100

출처: 국립생물자원관. 2019. 국가생물다양성 통계자료집

※ 생명카탈로그에 제공한 데이터 세트에 조류(algae) 관련 algae Base 데이터가 제외. 일부 식물계, 유색조식물계, 원생동물계 및 세균계 분류군 등록이 누락

검토하여 국가생물종 현황을 발표하고 있는데, 2019년 에는 전체 생물종 목록을 수록한 '국가생물종 목록'을 발간하였다. 2020년 기준 현재 국내에는 52,628종이 보고되었고 가장 많이 파악된 종은 곤충류로 18,638종 에 이른다. 2012년부터 북한 지역 분류군별 생물종목 록집도 발간하기 시작하였으며, 한반도 고유종의 보 전과 관리를 위해 특성 평가를 거쳐 정리된 한반도 고 유종은 2018년까지 2,289분류군이 있다. 국가생물종 목록은 CBD의 이행을 위한 국가 단위의 생물다양성 및 생물자원 정보 관리를 가능하게 해 주며 우리나라 생물 주권을 효과적으로 보호하기 위한 수단이 될 수 있다.

2. 생물다양성이 우리에게 제공하는 서비스와 경제적 가치는?

1) 생태계 서비스의 종류는?

생물다양성은 인류에게 건강하고 행복한 삶을 제공 해 주고 있다. 음식, 건축자재, 의복을 비롯한 의식주 를 해결해 주고 땔감과 같은 에너지원도 제공한다. 각 종 재해로부터 우리를 안전하게 보호하고 깨끗한 공 기와 물을 비롯하여 의약품도 제공하여 우리의 삶을 건강하게 유지해 준다. 미국의 경우 조제되는 약 처방

생태계 서비스
자연 생태계가 제공하 는, 생명을 유지하고 인 간 복지에 핵심적인 프 로세스 및 기능들.

[표 3-3-3] 생태계 서비스의 4개의 카테고리

카테고리	특성과 예
공급 서비스	• 생태계에서 물질적인 결과물을 의미하는 생태계 서비스로 음식, 물 및 기타 자원들을 포함 • 야생 식품, 작물, 담수, 식물유래 약물 등
조절 서비스	• 생태계가 공기와 흙의 질 또는 홍수 및 질병을 조절하며, 조절자의 역할로서 제공하는 서비스 • 습지를 통한 오염물의 여과, 탄소 저장과 물순환을 통한 기후 규제, 수분작용, 재해로부터의 보호 등
문화 서비스	• 생태계와의 접촉으로부터 사람들이 얻는 비물질적인 편익으로 미적, 정신적, 심리적 편익을 포함 • 레크리에이션, 영적 및 미적 가치, 교육 등
지원 서비스	• 서식지 또는 지원 서비스는 거의 모든 다른 서비스의 버팀목으로 생태계는 식물과 동물에 살아갈 공간을 제공하고 식물과 동물의 품종의 다양성을 유지 • 생물종을 위한 서식지, 토양 형성, 광합성, 양분 순환 등

의 25%가 식물로부터 추출된 성분을 포함하고 있고, 3,000종류 이상의 항생제가 미생물에서 얻어지며, 동양 전통 의약품의 경우에도 5,100여 종의 동식물을 사용하고 있다. 아울러 생물다양성을 공유하는 공동체 의식은 인류의 사회적 관계를 좋게 유지·증진에도 도움을 주고 있다.

생태계 서비스는 생태계와 그 구성요소들이 우리에게 제공하는 모든 혜택을 말한다. 식량, 물, 질병 관리, 기후 조절, 정신적 충족, 미적인 즐거움 등을 포함하며, 인류의 생명 유지와 복지에 핵심적인 프로세스 및 기능들을 의미한다. 이 모든 서비스의 토대인 생물다양성은 지역 및 세계 경제의 큰 부분을 차지하며, 농업, 목축업, 임업, 수산업은 직접적으로 의존하고 있다.

2) 생태계 및 생물다양성의 경제학

자연의 가치를 경제적으로 눈에 보이도록 만들기가 쉬울까? 자연이 제공하는 서비스의 경제적 가치는 눈에 잘 띄지 않기 때문에 자연 자본을 방치하게 되고, 생태계 및 생물다양성의 경제적 가치를 반영하지 못했던 것이 생태계 및 생물다양성의 지속적인 손실과 저하의 주요한 요인이 되었다. 시장에서 가격이 매겨지는 작물이나 물같이 사람들이 직접적으로 소비하는 직접적 사용가치에 비해 여가, 풍경, 생물종이 가지는 영적 또는 문화 사용가치는 경제직인 가치평가가 된 적이 드물다. 그 밖에 물의 정화, 탄소포집과 같은 기후규제나 벌에 의한 수분작용 같은 간접적 사용가치에 대한 경제적 가치 평가도 일천하다.

2007년 독일 포츠담에 모인 G8+5 국가들의 환경장관들은 '생물다양성의 범지구적 이득, 생물다양성 손실 및 보호조치 실패의 비용, 그리고 효과적인 보존 비용을 상호 분석하는 작업'에 착수하는 데 합의했다. 전 세계 환경장관들의 결정에 의해 태동된 '생태계 및 생물다양성의 경제학(TEEB: The Economics of Ecosystem and Biodiversity)' 연구는 유엔환경계획(UNEP)의 주도로 이루어진 국제적인 연구로 정책담당자와 기업가 및 일반 시민들이 올바른 결정을 할 수 있도록 돕는다. TEEB의 보고서들은 생태계 파괴로 파생되는 생물학적 자원의 손실과 이에 따른 경제적 영향을 평가하고,

생태계 및 생물다양성의 경제학
생태계와 생물다양성이 제공하는 혜택에 대하여 경제학적 접근법을 통한 가치평가를 함으로써 자연의 가치가 의사결정 과정에 핵심 요소로 포함되도록 함.

[그림 3-3-2] 자연 가치 측정의 접근법

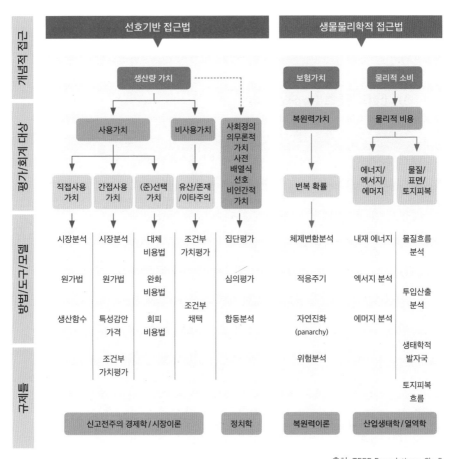

출처: TEEB Foundations, Ch. 5

이에 대응하는 활동으로 얻어지는 경제적 기회들을 설명하는 연구결과를 포함하고 있다. 사례 연구는 일자리를 창출하고 보호하며 경제발전을 뒷받침할 수 있는 국가적·지역적 정책과 관리, 자연자본의 고갈에 따른 경제적 손실로 인한 빈곤 퇴치, 새롭게 요구되는 기술 및 실행의 초기 진입 문제로 기업에게 새로운 기회를 제공하는 비즈니스, 삶의 질 향상으로 자연을 누릴 권리를 행사할 수 있는 개인과 커뮤니티의 관점을 중심으로 이루어졌다.

3) 레질리언스(Resilience)

생태계 서비스를 지속적으로 유지하기 위해서는 생태계가 어떻게 기능하고 어떻게 서비스를 제공하는지, 다양한 외부 압력으로부터 어떤 영향을 받는지에 대해서 잘 알아야 한다. 인간과 자연은 깊은 유대관계를 갖고 있으며, 하나의 사회-생태계 시스템(one social-ecological system)을 이루고 있다. 생태학적 복원력(회복력, 레질리언스)은 기후변화나 인간의 활동으로 인한 생태계의 교란이나 충격이 발생한 이후에 생태계 기능, 구조, 정체성과 피드백을 유지하며 재조직화할 수 있는 능력을 말한다. 기후적응은 기후변화에 대응한 자연 또는 인간 시스템의 조정 능력으로 혼란을 최소화하거나 기회를 이용하려는 목적을 두고 있다. 레질리언스와 기후적응은 밀접하게 연결되어 있으며, 종종 이에 상응하는 용어로 설명이 되고 있다.

캐나다 시스템 생태학자인 크로포드 스탠리 "버즈" 홀링은 1973년에 시스템 이론과 생태학을 혼합하여 변화에 대한 이론으로 레질리언스 개념을 발표하였다. 홀링의 적응주기 모델의 경우 생태계는 전면순환과 후면순환으로 이루어진 순환성을 가지며 성장, 보

레질리언스
회복력, 복원력, 회복탄력성이란 뜻으로 외부 충격을 견디고 흡수하여 적응하여 전과 다름 없이 기본 기능과 구조를 유지하며 회복되고 번성할 수 있는 시스템의 능력.

존, 해체·이완, 재조직화의 고리를 갖고 있다. 외부충격으로 생태계는 해체될 위기를 맞게 되지만 다양성이 갖추어져 있다면 위기나 해체 이후에도 후면순환으로 새롭게 재조직화할 수 있어 생태계는 안정성과 복원성을 갖고 지속가능할 수 있다. 이렇게 생물다양성은 생태계 서비스의 복원력, 즉 변화하는 환경 조건에서도 지속적으로 서비스를 제공하는 데 기여한다. 생태학적 복원력은 잠재적인 충격이나 생태계 서비스의 손실에 대비하는 일종의 '자연보험'으로 생태계의 총 경제적 가치의 필수적인 부분으로 간주되어야 한다. 예방 차원에서 생물다양성을 보호하려는 접근 전략은 생태계 레질리언스를 유지하고 생태계가 지속적으로 다양한 서비스를 제공하는 데 아주 효과적일 것이다.

4) 산림은 미래를 위한 투자

생태계의 경제적 가치평가에서 가장 선도적인 분야는 산림 분야다. 산림은 현재 지구상의 육지 표면의 1/3을 차지하고 있으며 숲생태계는 총 육지 바이오매스 생산의 2/3을 차지하고 있다. 광합성을 통해 태양에너지를 바이오매스로 전환함으로써 숲은 전지구적 탄소순환과 기후조절의 핵심적인 역할을 하고 있다. 21세기 들어 초기 10년 동안 전 지구적으로 산림이 40만㎢ 이상이 감소했는데, 열대지방의 산림 파괴 문제는 생물다양성 손실 측면에서 더욱 심각하다.

국립산림과학의 연구결과에 따르면, 우리나라 숲이 매년 제공하는 공익적 가치는 2018년 기준으로 221조 원에 이른다. 최근 이슈로 부각되는 탄소 흡수 및 저장 기능을 비롯하여 물, 공기, 재해방지, 경관 제공, 휴양 및 치유에 이르기까지 각종 기능을 통해 1인당 연간 420여 만 원의 혜택을 제공하는 것으로 평가되었다. 우리나라뿐만 아니라 미국과 일본 등 선진국에서도 숲의 생태계 서비스에 대하여 다양하게 평가하고 있는데, 특히 열섬효과 완화와 미세먼지 저감 등 도시 숲의 기능도 새롭게 평가되고 있다. 숲에 대하여 전통적으로 인식되고 있는 목재, 산나물 등 가시적인 경제가치는 숲이 인류에게 주는 혜택에서 상대적으로 작은 부분을 차지한다. '지속가능한 산림경영(SFM: Sustainable Forest Management)'은 현재와 미래 세대를 위해 산림의 경제적, 사회적, 환경적 가치를 유지하고 강화하는 것을 목적으로 한다. 산림면적 연간 순변화율, 산림 내 지상부 바이오매스 총량, 보호림 비율, 장기 산림경영계획 작성 면적 비율, 산림경영인증 면적 등 5개 지표를 활용해 정기적으로 SFM을 모니터링하고 있다.

교토의정서상에도 산림은 조림, 산림경영 등을 통한 탄소 흡수 능력이 귀하게 평가되는데, 산림 보호는 에너지 부문에서 탄소배출 상쇄 수단으로 활용이 가능하다. 유엔기후변화협약(UNFCCC: United Nations Framework Convention on Climate Change)에서 논의된 '산림 전용과 산림 황폐화 방지를 통한 온실가스 감축방안(REDD+: Reducing Emissions from Deforestation and Forest Degradation Plus)'은 산지 전용(轉用)으로 인한 훼손, 황폐화 등으로 발생하는 온실가스 배출을 막기 위해 만들어진 보상 체계로, 교토의정서부터 도입된 제도이

유엔기후변화협약
UNFCCC는 온실 기체에 의해 벌어지는 지구 온난화를 줄이기 위한 국제협약. 1992년 6월 브라질 리우데자네이루에서 열린 세계기후정상회의에서 기후변화협약을 채택함. 기후변화협약은 선진국들이 이산화탄소를 비롯한 각종 온실 기체의 방출을 제한하고 지구온난화를 막는 게 주요 목적이었음.

산림 전용과 산림 황폐화 방지를 통한 온실가스 감축방안
산지 전용으로 인한 훼손, 황폐화 등으로 발생하는 온실가스 배출을 막기 위해 만들어진 보상 체계로 교토의정서부터 도입된 제도.

[표 3-3-4] 숫자로 보는 생물다양성과 생태계 서비스의 경제학

범주 예	특성
산림 보존과 기후변화	산림벌채율을 2030년까지 반으로 줄이면 이산화탄소 배출을 매년 1.5~2.7GT이 줄음. 이로써 면할 수 있는 기후변화 피해를 수치로 환산하면 순현재가치(NPV)로 한화 4,440조 원에 상당함(산림생태계가 제공하는 다른 혜택들은 미포함).
어업의 손실	전 세계의 어업은 규제 부족과 남획으로 인하여 지속가능한 어획 시나리오와 비교할 때 매년 세계적으로 수산 어장에서 한화 60조 원만큼의 수입이 감소.
산호초와 생태계서비스	산호초의 생태계 서비스는 중요. 산호초는 세계 대륙붕에서 차지하는 비율이 1.2%이지만, 모든 해양어류종의 1/4 이상을 포함하는, 100만~300만 종들의 서식지. 해양 및 섬 지역에 살고 있는 3000만 명의 사람들이 생계를 전부 산호초에 의지.
새로운 시장인 녹색 상품 및 서비스	세계적으로 유기능 식품과 음료의 매출이 매년 6조 원씩 증가(2007년 55조 원), 에코라벨을 붙인 어류제품의 세계시장은 2008년과 2009년 사이에 50% 성장. 생태관광은 가장 빠르게 성장하는 관광산업이며, 세계적으로 매년 소비가 30% 성장.
양봉의 가치	2002년 기준 스위스 벌 군집 한 개의 가치는 수분된 과일과 생산이 매년 1.26백만 원으로 양봉에서 나오는 꿀 등 직접 제품 226만 원의 5배. 2005년 곤충을 통한 수분의 세계 경제적 총가치는 245조 원으로서 세계 농업생산량의 9.5%로 추정.
도시의 나무심기와 삶의 질 향상	호주 캔버라에서 40만 그루의 나무를 심었는데, 2008~2012년 사이에 좁은 지역 기후의 규제, 오염 감소, 이산화탄소 포집 및 저장, 도시의 공기 질 향상, 에어컨 이용으로 인한 에너지 비용 감소 등 도시의 혜택은 미화 240~804억 원으로 예상.

다. 벌목 후 경작지로 사용하는 등 산림의 용도 변경으로 인한 훼손, 남벌 등 황폐화를 방지하고 이산화탄소 흡수 능력을 향상시킬 수 있는 지속가능하고 종합적인 관리 체계를 말한다. REDD+는 국가전략이나 정책, 측정 방법 등 개발하는 준비 단계(1단계: Readiness), 이행 단계(2단계: Implementation), MRV(측정, 보고, 검증) 결과를 기반으로 하는 성과 기반 활동(3단계: Result Based Action)의 3단계로 진행되며, 마지막 단계인 재정적 성과를 얻기까지는 5~10년 이상 오랜 기간이 필요하다. REDD+의 5가지

활동은 산림 훼손에서 나온 온실가스 배출량 저감, 산림 황폐화로 인한 온실가스 배출량의 감소, 산림의 탄소 저장고 보존, 효과적인 목재 생산이 가능한 지속가능한 산림 관리, 탄소흡수원의 기능 개선 및 새로운 탄소 흡수원의 개발이다.

우리나라는 3차 공약 기간(2018~2022)부터 탄소배출량 감축 의무를 부담하는 입장이므로 흡수원 증진(상쇄) 차원에서 산림 부문도 대응 방안을 마련하고 있다. 산림의 탄소 흡수 능력을 보전, 증진하기 위한 조림 및 숲 가꾸기 사업 등 산림경영을 통해 우리 산림의 탄소흡수량을 확대해 나가야 한다. 이를 위한 정책적 수단으로 산림 전용 억제, 산림 병충해와 산불 피해 방지, 도시 숲 관리, 유휴토지에 대한 신규 조림 확대, 숲 가꾸기를 통한 건강성 확보, 목제품의 장수명화 및 재활용 촉진, 남북산림협력을 통한 북한 산림 복구 등을 들 수 있다.

3. 생물다양성의 손실을 막고 지속가능한 발전을 위해

개발도상국에 주로 속해 있는 열대우림은 해마다 경제개발에 의해 그 파괴의 속도가 급증하여 1985년까지 매년 약 0.6%(약 11.2만㎢)가 감소했으며 1990년에는 1981년에 비해 1.5~2배로 급격히 감소하고 있다고 경고된 바가 있었다. 매년 13만㎢의 숲이 사라지고 있으며, 건조한 땅의 지속적인 악화로 인해 3600만㎢의 사막화가 진행되고 있다. 생물다양성 및 생태계 서비스에 관한 정부 간 과학정책 플랫폼(IPBES)이 2019년에 발표한 보고서에 따르면 지금까지 190만 종만이 목록에 기록되었지만 총 1800만 종까지 있을 수 있는 것으로 추정된다. 그런데 거의 100만 종에 달하는 동식물이 인간 활동과 관련된 기후변화, 오염, 산림 훼손, 남획 및 밀렵으로 인해 멸종위기에 처해 있다. 또한 생태계 고유의 복원력을 유지하기 위해 침입 외래종에 대한 대응 전략과 관리가 수행되어야 한다. 또한 바이오안전성의정서(CPB: the Cartagena Protocol on Biosafety)에 따라 환경과 보건 문제에 사전 예방적으로 대처해야 한다. 생물다양성의 보전을 위해 감시, 환경 영향평가, 보호지역 설정 등 현지 내 보전과 종자은행과 같은 생물은행 등 현지 외 보전 및 지속가능성을 위한 국제 협업이 필요하다.

1) 지구수용한계와 생물의 위기

세계인구 과밀화, 경제활동 확대, 자연훼손으로 인한 지구의 수용한계(Planetary Boundaries) 초과로 인하여 인류사회의 환경적, 사회적, 경제적 지속가능성이 위협받고 있다.

2009년 록 스트롬과 월 스테판 등은 인류의 지속가능 발전을 위해 지켜야 할 지구과학적 시스템을 9가지로 분류하고 지구수용한계라는 개념을 『네이처(*Nature*)』지에서 제시하였다. 지구수용한계의 9개의 지구 시스템 프로세스는 기후변화, 생물다양성 손실, 질소와 인의 증가, 성층권 오존 고갈, 해양 산성화, 물 사용, 토지 사용 변화, 대기 에어로졸 증가, 화학오염으로 나누

바이오안전성 의정서 (카르티헤나 의정서)
생물다양성의 보전과 지속가능한 이용에 부정적인 영향을 미칠 수 있는 유전자변형생물체(LMO)의 국가 간 이동, 운송, 취급 및 사용을 규제.

지구수용한계
인류를 위한 안전한 운영 공간인 지구 시스템을 과학적으로 제시한 개념으로 한계선의 기준은 지구의 환경에 인간이 미치는 영향을 토대로 작성됨.

[그림 3-3-3] 지구수용한계 9개 요소. 이 중 4개가 불안정 상태임

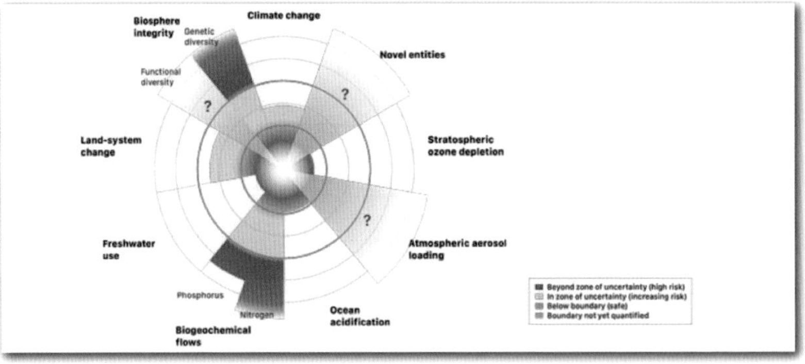

출처: Steffen et al. 2015

고, 각 프로세스별로 산업화 이전, 현재 및 지구수용한계의 값을 제시하였다. 2015년 『사이언스(Science)』지의 발표에 따르면 인간 활동으로 인하여 지구수용한계 9개 요소 중에서 4개가 불안정한 상태임을 밝혔다. 그 네 가지는 기후변화, 생물다양성의 손실, 토지사용계의 변화, 생지화학 순환계(인과 질소의 농도)의 변화이다.

산업화 시대 이전에는 화석 증거에 따르면 자연현상으로 인한 해양생물멸종율은 0.1~1E/MSY(Extinctions per Million Species per Year, 백만 종/년)이었고 포유류 멸종율은 0.2~0.5E/MSY였다. 2009년에만 하더라도 지구수용한계가 제시한 생물다양성 멸종율은 10E/MSY인 반면 당시 상황은 100E/MSY보다 컸다. 2015년에는 10~100E/MSY 한계치를 제시하였지만 이미 자연 멸종률의 100~1,000배가 증가한 상태가 되었다.

세계자연보존연맹(IUCN: International Union for Conservation of Nature)에 따라 적색목록 범주를 멸종 위험에 따라 절멸 단계인 절멸(EX, Extinct)과 야생절멸(EW), 멸종우려 분류군인 위급(CR), 위기(EN) 및 취약(VU), 관심

이 필요한 준위협(NT), 관심대상(LC), 정보부족(LC), 미평가(NE) 등 모든 종을 9개로 분류해 적색목록에 등재하고 있다, 적색목록지수(RLI: Red List Index)는 생물다양성 보전 성과에 관한 지표 중 하나로서 생물종의 변동된 추세를 나타내는데, 0(모든 종이 절멸)과 1(모든 종이 관심 대상) 사이 지수로 표현된다. 2020년 세계적색목록지수는 0.732인 반면 우리나라는 0.699로 세계적 추세에 비해 낮은 편이다. 2020년 기준 국내 멸종위기 야생생물은 9개 분류군 267종, 관찰종 34종이 모니터링 중이다. 한국에서 절멸종은 12종으로 호랑이를 비롯해 크낙새, 종어, 소똥구리, 겹거미 등이다. 멸종위기에 처한 야생생물은 1973년 채택된 멸종위기에 처한 야생동식물의 국제거래에 관한 협약(CITES: Convention on International Trade in Endangered Spcies of Wild Fauna and Flora)으로 생존을 위협받지 않도록 보호받고 있다.

2) 생물권 및 생태계의 보전

세계자연보전연맹(IUCM)은 세계에서 가장 오래되고 가장 큰 규모의 환경단체로, 1,000여 개 이상의 정부 및 비정부기구와 160개국 이상의 약 11,000명의 자원봉사 과학자들이 회원인 국제기구인데, 지구촌의 환경 문제 해결을 위해 4년마다 '환경 올림픽'이라 불

적색목록지수

적색목록상에 나타나는 측정 생물그룹의 멸종위협 추세를 나타내는 지수로 생물다양성 보전 성과에 관한 지표로서 야생생물 보전이나 멸종 예방을 위한 국제협약이나 목표에서 활용.

멸종위기에 처한 야생동식물의 국제거래에 관한 협약

멸종위기에 처한 야생동식물종의 국제 거래에 관한 협약으로 1973년 채택되어 1975년에 발효. 야생 동식물종의 국제거래가 그 종의 생존을 위협하지 않도록 하는 것이 목적.

[그림 3-3-4] 우리나라의 육상 및 해양 보호지역 면적(단위: ㎢)

보호지역 커버리지 통계
2016년 하반기 보호지역 데이터 기반

보호지역(중복 지역 제외)	보호지역(중복 지역 제외)
11,175.7㎢	**5,256.5㎢**
국토면적대비 11.2%	해양면적대비 1.5%
중복 면적	중복 면적
3,002.2㎢	**394.1㎢**
국토면적 대비 3.0%	해양면적 대비 0.1%

출처: 통계청. 한국의 SDGs 이행보고서 2021

리는 총회를 개최하고 있다. 또한 핵심생물다양성지역(KBAs)를 지정하고 있으며 KBAs 식별을 위해 전 세계적으로 합의된 기준을 제시하고 있다. 생물권보전지역(Biosphere Reserves)으로는 2021년 기준 전세계 131개국 727곳이 지정되어 있다. 1982년 설악산이 생물권보전지역으로 선정되었으며, 제주도, 신안 다도해, 광릉숲, 고창, 순천을 비롯하여 연천 임진강, 강원생태평화 지역이 선정되어 지속가능 발전과 지역사회 발전에도 기여하고 있다.

우리나라는 자연환경보전법을 비롯한 14개 법률에 따라 보호 지역을 지정해 육상, 해양, 담수 생태계를 관리하고 있다. 현재 자연환경 보호

구역, 국립공원, 수산자원 보호 구역, 산림유전 자원 보호 구역, 야생생물 보호 구역, 습지 보호 지역 등이 있는데 보호 지역수가 2007년 21개에서 2020년에는 3,439개로 보호 지역 면적도 증가하였다.

우리나라의 자연환경 보호 지역으로 독도 등 257개의 도서 지역, 33개소의 생태·경관보전 지역, 44개의 습지보존 지역과 23개 지역의 람사르습지, 16개의 야생생물 보호 구역 및 국립공원을 포함하여 91개소의 자연공원이 지정되었다. 핵심생물다양성 지역의 경우 2019년 기준 육상 KBAs 는 37.5%, 담수 36.85, 산악 20.2%였다. 제4차 국가생물다양성전략(2019~2023)에서 2021년까지 육상생태계 보호 지역 비율을 국토 면적의 17.0%로 확대할 계획을 세웠다. 2020년 12월 기준 람사르협약(Ransar Convention)에 우포늪 및 순천만·보성갯벌을 포함하여 23개 지역 196,160㎢가 람사르습지로 등록되었다. 갯벌 및 우수한 해양생태계에 대한 보호 구역으로 전국 연안과 해양에 30개소가 지정되었는데, 이 중 습지 보호 지역은 갯벌 전체의 약 57%를 차지하고 있다. 2019년 갯벌법 제정을 통해 갯벌에 대한 보전과 이용을 체계적으로 관리할 수 있는 제도적 수단을 신설하고, 갯벌 복원에 대한 사회적 수요에 대응할 법률적 근거를 확보하였다.

생물권 보전 지역

생물다양성의 보전과 지속가능한 이용을 조화시킬 수 있는 방안을 모색하기 위해 전 세계적으로 뛰어난 생태계를 대상으로 1971년 설립된 UNESCO의 MAB(인간과 생물권 계획)가 지정한 보호 지역.

람사르협약

국제적으로 특히 물새 서식지로서 중요한 습지에 관한 협약으로 1971년에 채택되어 1975년에 발효. 우리나라는 1997년에 가입.

3) 현지 외 보전을 위한 생물은행

생물은행은 생물자원을 당초 서식지가 아닌 곳(현지 외, ex situ)으로 옮긴 후 배양 등을 거쳐 보전하는 역할을 하고 있다. 종자, 영양체, 곤충, 미생물 등의 생물자원을 탐색·수집·보전·연구·분양할 수 있는 기관으로 생물자원의 이용을 통해 생물산업을 지원하고 지식재산권 보호 등의 국가적 대응을 위해 나고야의정서를 대비한 생물자원 관리를 맡고 있다. 국내 대표적 생물은행을 운영하는 대표기관은 국립생물자원관, 국립농업과학원, 국립수목원, 국립해양생물자원관 한국생명공학연구원 등이다.

국립생물자원관은 조사 및 연구와 기증을 통하여 2020년 말 기준 식물, 미생물, 척추동물, 무척추동물, 곤충, 생물소재 등 304만여 점의 생물표본을 소장하고 있다. 연면적 6558만㎡에 달하는 수장고에는 총 1100만점 이상의 생물표본을 영구적으로 보전할 수 있는 동양 최대 규모의 수장시설을 갖추고 있다.

국립농업과학원 씨앗은행은 종자유전자원 3,083종, 미생물자원 10,911종, 곤충자원 23종을 보유하고 있다. 전주의 농업유전자원센터는 종자 50만, 미생물 5만 자원의 보존이 가능하다.

국립수목원의 경우, 산림생물표본관은 119만여 점을 수장하고 있는데 식물 57만 점, 곤충 52만점, 버섯과 지의류 및 기타 10만 점을 보유하고 있다. 종자은행은 국내 자생식물과 해외 유용 식물 종자를 수집하고 산림식물 종자의 장기 저장 기술을 개발하고 있으며 정보구축 활동으로 정보구축 자료 및 이미지 정보 DB화, 종자도감을 발간하고 있다. 강원도 양구군에 위치한 DMZ자생식물원은 생물다양성이 풍부한 DMZ의 식물자원, 특히 북방계 지역의 식물자원을 수집·보전하고자 조성되었다.

국립해양생물자원관의 해양생명자원통합정보시스템 MBRIS(Marine Bio Resource Information System)가 보유한 한반도 주변해역에 서식하는 해양생물자원은 총 10,141종으로 그 중 해양무척추동물 4,347종과 해양미생물 3,039종이다.

한국생명공학원의 생물자원센터는 국내 최대 공인 미생물자원 기관으로 국내 산·학·연 대상으로 생물자원 활용 지원을 통한 바이오 연구와 산업역량 강화를 위해 세균, 고세균, 진균, 동식물세포주, 특허균주 등 3만 주 이상을 보유하고 분양하고 있다.

글로벌 시드볼트(Seed Vault)는 기후변화, 천재지변, 전쟁 및 핵폭발과 같은 전 지구적 규모의 재앙에 대비하여 식물유전자원을 보전하고 포스트 아포칼립스를 대비하기 위한 전 세계에 단 두 곳 뿐인 식물종자 영구저장시설이다. 2015년 국립백두대간수목원에 설립된 백두대간 글로벌 시드볼트는 야생식물 종자 시드볼트로 규모 6.9의 지진에도 견딜 수 있게 설계되었는데 2021년 3월 기준으로 4,751종 95,395점을 보관하고 있으며 최대 200만 점 이상 보관할 수 있다.

스발바르 국제종자저장고(Svalbard Seed Vault)는 2021년 5월 기준 각국의 정부, 단체, 개인 등이 기탁한 107만 종 이상의 작물종자가 보관되어 있으며 목표치는 450만 종이다.

새로운 생물자원 발굴 대상으로 DMZ와 해외 생물

스발바르 국제종자저장고
전 지구적 규모의 재앙에 대비하여 인류의 생존을 위해 식물의 씨앗을 보존할 목적으로 북극점에서 1,300㎞ 떨어진 노르웨이령 스발라르 제도의 스피츠베르겐섬에 설치된 일명 '새로운 노아의 방주.'

자원에 주목할 필요가 있다. DMZ와 인접 지역은 50여 년간 민간인의 접근이 제한되어 왔기 때문에 식물 2,237종, 어류 106종, 파충류 29종, 조류 201종, 포유류 52종의 다양한 생물상을 보여 주고 있는데 더욱 다양한 생물이 존재하리라 예측되는 생물다양성의 보물창고다. 유엔해양법협약이 규정한 공해(예: 북극 공해, 태평양 심해저 등)와 같은 국가관할권 이원 지역의 생물다양성(BBNJ: Biological Diversity in the Areas Beyond National Jurisdiction)과 남극조약 지역(남위 60도 이하)의 생물탐사는 국제법에 의거하여 특정 국가의 소유권이 없는 지역에서 확보한 생명 자원이다. ABS '이익공유' 대상에서 적용이 제외되고 있으나 미발굴된 생물유전 자원으로서 그 경제적 활용가치가 클 것이므로 생명 자원 관리에 대한 국제사회 흐름에 적극 대응이 필요하다.

4) 생물다양성의 2030과 2050

기후변화와 생물다양성 감소라는 이중위기 해결을 위한 UN SDGs와 관련하여 2020년 IPCC와 IPBES의 공동 작업을 수행하였다. 생물다양성(SDG 14, 15) 및 기후(SDG 13) 목표는 [그림 3-3-5]에서와 같이 다른 SDG(그림 오른쪽)의 영향을 받으며 차례로 지속가능성의 다른 목표(그림 왼쪽)에 영향을 미친다. 예로 SDG 15는 SDG 1의 빈곤퇴치와 SDG 2의 식량안보 사이에 긍정적 시너지가 있음을 보여 주고 있다.

기후, 생물다양성 및 웰빙 간의 통합과 공동 이익, 절충 및 위험을 인식하고 처리하기 위해서는 거버넌스 프로세스가 필요하다. 자연 기반 솔루션(NbS: Nature based Solution)은 통합 및 시너지 솔루션의 목표를 잠재적으로 충족할 수 있는 조치 중 하나다. 논의되어야 할 문제들은 ① 보호:

[그림 3-3-5] 다른 UN SDGs와 생물다양성(SDG14, 15) 및 기후(SDG13) 목표 사이의 상호
작용

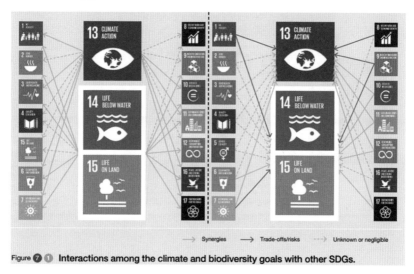

Figure ❼ ❶ Interactions among the climate and biodiversity goals with other SDGs.

출처: IPBES-IPCC co-sponsored Workshop, *Biodiversity and climate Scientific Outcome*, 2021

어떻게 보호된 생태계를 보다 효과적으로 만들고 인간의 웰빙에 기여할
수 있는가, ② 복원: 복원이 어떻게 개선되고 웰빙에 기여할 수 있는가,
③ 관리: '경관' 전반에 걸쳐 개선된 계획 및 관리가 결합된 생물다양성,
기후 및 SDGs를 달성하는 데 어떻게 도움을 줄 수 있는가, ④ 창조: 새로
운 '경관'을 개발하고 관리하기 위해 기후-생물다양성 넥서스의 여러 목
표를 어떻게 사용할 수 있는가, ⑤ 적응: 사회생태학적 시스템은 다른 솔
루션들의 기후적응 측면에서 어떻게 이익을 우선시할 수 있는가, ⑥ 전
환: 생물다양성-기후 넥서스를 다루는 방식에서 전환적 변화를 어떻게
활용할 수 있는가 등이다.

2050년까지 자연과 더불어 사는 삶을 위한 프레임워크로 post-2020 글
로벌 생물다양성 프레임워크(GBF: Global Biodiversitt Framework)가 2021년

[그림 3-3-6] Post-2020 생물다양성 프레임워크

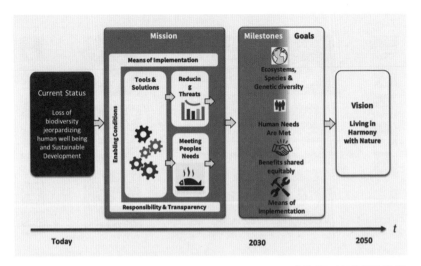

출처: CBD-COP15, 2021.07.05.

CBD 채택되었다. 아이치 생물다양성목표(Aichi Bio-diversity Targets)는 2010년 일본 아이치현 나고야에서 열린 CBD 제10차 총회에서 채택된 2020년까지 달성되어야 할 글로벌 생물다양성 보존을 위한 목표다. 유엔 COP(Coference of the Parties) 제15차 회의는 2011~2020년 CBD의 생물다양성 전략 계획과 결과를 검토한 결과, 2020년까지 아이치 생물다양성목표를 완전하게 달성하지는 못한다고 판단하였고, 그 후속 사업으로 2021년 5월 중국 쿤밍에서 열린 유엔 COP 제15차 회의에서 post-2020 글로벌 생물다양성 프레임워크를 채택하였다.

이 프레임워크는 유엔 2030 SDGs 의제를 보완하고

post-2020 글로벌 생물다양성 프레임워크
2021년 생물다양성협약 당사국회의 제시되었는데, '생물다양성 전략 계획 2011-2020'을 기반으로 하며 사회와 생물다양성 관계의 변화를 가져오고 비전은 2050년까지 자연과의 조화로운 삶을 실현하는 것이다.

지지하는데, '2050년까지 자연과 조화롭게 살기'라는 비전을 갖고, 그 임무로 2030년까지 생물다양성 위협 감소를 안정화할 예정이다. 2050년까지 목표는 개선을 통한 자연 생태계 회복이다. 이를 구현하기 위해 GBF의 변화이론의 조치는 이를 위한 도구와 솔루션의 개발, 생물다양성의 위협 감소 및 지속가능한 사용과 이익 공유를 통한 인간의 요구 충족, 이를 구현하기 위한 도구와 해결방안들이다. 아울러 이러한 조치가 가능한 조건과 재정 자원을 포함한 적절한 이행 수단의 지원, 기술 및 투명하고 책임감 있는 모니터링을 필요로 한다. 우리나라를 포함하여 당사국 정부, 국민, 지역사회, 시민단체, 민간 부분 및 모든 이해관계자들의 post-2020 GBF 공동 실행에 대한 기여가 절실히 요구된다.

제 4 부

안전한 미래사회를 위하여

대표집필   오 동 훈(산업통상자원부 R&D 전략기획단)

집필위원   류 성 욱(국가보안기술연구소)
            허 종 완(인천대학교)
            오 동 훈(산업통상자원부 R&D 전략기획단)

1장

보안

류성욱

(국가보안기술연구소)

● ○ ●

Joseph Stella, 〈Brooklyn Bridge〉, 1919-1920

1. 세상을 바꾸는 정보

'정보'란 우리가 특정한 상황에서 의사결정을 해야 할 때 현재를 분석하고 미래를 예측하는 데 있어서, 우리가 가치 있는 것으로 인정할 수 있는 데이터다. 따라서 우리가 즉각적으로 가치를 인지할 수 없는 숫자나 기호 그리고 문자의 나열은 정보가 아니며, 특정한 경우가 아닌 일반적인 경우에도 가치를 지니는 지식과도 다르다. 또한 정보는 활용의 측면에서 "발신자 또는 수신자 사이에 특정한 의미를 지니는 것"으로 정의된다. 이러한 맥락에 놈 촘스키의 보편문법 가설을 적용하면 약 10만 년 전에 생겨나기 시작한 언어를 사용하여 인류는 최초로 정보를 생산하고 유통하였음을 알 수 있다. 그러나 당시에는 언어를 기록할 체계화된 문자가 없어, 정보는 지근거리의 사람들에게 한시적으로 활용되었으며, 동굴의 벽과 같은 극히 일부 공간에서 제한된 정보가 보존되었을 뿐이었다.

기원전 3000년경, 수메르인들이 세계 최초로 쐐기 문자를 사용하면서 인류의 역사는 체계적으로 기록될 수 있었다. 문자로 인해 정보는 과거보다 오래 유통될 수 있었으며, 그 가치가 보존될 수 있었다. 그러나 문자를 기록하는 매체의 한계로 인해 정보가 공간적으로 널리 전파될 수는 없었으며 정보의 사용자 또한 특정 계층에 한정되었다. 하지만 1440년대에 구텐베르크가 활판인쇄술을 대중화하면서 정보는 대중에게 대량으로, 과거보다는 훨씬 빠르게 유통되었고, 이로 인해 인류의 삶은 이전과는 전혀 다른 양상으로 전개되었다. 정보의 확산과 이로 인한 지식의 전파는 중세 시대를 마감하고 근대로 전환하게 되는 계기인 종교개혁, 시민혁명, 산업혁명의 기반이 되었다.

1936년에 이르러 처리 속도와 전달 범위라는 측면에서 정보는 인류의 삶에 전면적 영향을 미치는 핵심적 사회적 기재로 성장하게 되었다. 이 시기에 이론적으로 인간이 생각할 수 있는 거의 대부분의 정보를 저장하고 가공할 수 있는 기계인 튜링머신이 앨런 튜링에 의해서 개발되었다. 높이 3m에 2,400개의 진공관으로 만들어진 튜링머신은 초당 5,000자의 정보를 입력받을 수 있고 정해진 규칙에 따라 정보를 분석할 수 있었다. 1946년에는 최초로 포탄 궤적의 계산에 사용된 것으로 유명한 에니악이 개발되었으며, 에니악의 정보처리능력은 인간의 2,400배로 기계의 정보처리능력은 인간과는 비교할 수 없을 정도로 진화하게 되었다.

튜링머신이 등장한 지 34년이 지난 1969년에 처음 UCLA와 스탠퍼드 대학에 설치된 두 개의 아르파넷 노드가 연결되면서, 정보는 공간적, 시간적 전달 범위라는 한계를 넘어서게 되었고, 그 결과 인터넷의 시대가 열리게 되었다. 1993년 모자이크(MOSAIC) 브라우저는 인터넷을 상호연결된 정보의 웹으로 변형시켰고 그 후 10년 동안 소셜 미디어의 폭발적 증가는 사이버 공간을 우리의 일상생활에 필수 요소로 만들었다. 애플의 아이폰은 거의 모든 장소에서 인터넷 접속을 제공하는 스마트 모바일 장치의 도입을 촉진했으며, 이로 인해 정보의 공간적, 시간적 측면에서 그리고 처리 속도의 측면에서 한계는 거의 대부분 극복되었다. 그 결과 정보를 활용한 오늘날의 정보기술은 우리의 삶에 파격적인 혜택을 선사하면서 우리 생활의 거의 모든 측면에 얽히게 되었다.

2. 양날의 검, 사이버 세상

1998년 마크 와이저(Mark Weiser)는 전기의 생산, 전송, 최적화에 대한 지식이 없어도 우리가 단지 플러그를 콘센트에 꽂음으로써 전기를 사용할 수 있는 것처럼 "가장 심오한 기술은 사용자의 인식에서 사라져 버리는 기술이며, 뛰어난 기술은 일상생활 속으로 스며들어서 식별할 수 없게 된다"라고 하였다. 자율주행 기술은 속도와 거리에 대한 감각이나 교통체계에 대한 지식이 없어도 탑승자를 목적지까지 이동시켜 줄 것이다. 스마트홈 기술은 거주자의 생물학적 정보를 기반으로 냉난방을 최적화하고, 심리 상태를 고려하여 음악과 콘텐츠를 제공하며, 건강 상태를 체크하여 필요한 음식을 자동으로 추천할 것이다.

하지만 정보 기술이 우리에게 주는 혜택만큼 정보 기술로 인한 위험은 더욱 커지게 된다. 정보 기술의 집약체인 컴퓨팅의 역사도 65년에 불과하지만 이를 안전하게 보호하기 위한 사이버 보안 기술의 역사는 이보다 더욱 짧기 때문이다. 초기 컴퓨팅은 대형 센터 내의 대형 시스템을 사용하였기 때문에 경비원, 총기, 철문 등에 의해 보호될 수 있었다. 또한 초기에는 학계와 정부 실험실에서 보증된 소수 인원만이 인터넷으로 연결돼 있었다. 이러한 이유로 인터넷상에서 이용할 수 있는 정보는 비교적 제한적이었기 때문에 초기 인터넷에서의 사이버 보안은 큰 이슈가 아니었다. 하지만 사용자의 증가, 다양한 소프트웨어의 개발로 인해 사이버 공간은 더 이상 물리적인 방법으로 보호할 수 없게 되었다.

1988년 모리스 웜(Morris Worm)이 인터넷을 마비시킴에 따라 사이버 보안에 대한 전 세계의 관심이 집중되었다. 2010년 6월에는 산업시설을 감시하고 파괴할 수 있는 스틱스넷(Stuxnet)이 발견되었으며, 공격 목표는

[표 4-1-1] 미국의 연도별 사이버 보안 사건 현황

(단위 : 개, %, $ M = 백만 달러)

구분	NIST에 보고된 취약점[1] (개수)	취약점 보고 건수(CVE)[2]	악성코드 시스템 감염 증가율[3]	금전적 손해액 ($M)[4]
2011년	4,150	4,155	48	485
2012년	5,288	5,297	83	581
2013년	5,187	5,191	166	782
2014년	7,937	7,946	309	800
2015년	6,487	6,484	453	1,071
2016년	6,447	6,447	580	1,451
2017년	14,645	14,714	702	1,419
2018년	16,511	16,556	813	2,710
2019년	17,306	12,174	900	3,500
연평균 증가율	20%	14%	44%	28%

출처: 1) https://nvd.nist.gov/vuln/search/statistics?form_type=Basic&results_type=statistics&search_type=all

2) https://www.cvedetails.com/browse-by-date.php

3) https://purplesec.us/resources/cyber-security-statistics/

4) https://www.statista.com/statistics/267132/total-damage-caused-by-by-cyber-crime-in-the-us/

이란의 우라늄 농축 시설로 추정되었다. 스틱스넷은 코드를 활용한 사이버 공격이 물리적 세계에 재앙적 수준의 사고를 일으킬 수 있다는 것을 전 세계에 알린 계기가 되었다. [표 4-1-1]은 미국에서 나타난 취약점(사이버 공격을 가능하게 하는 요소)과 감염률을 보여 준다. 막대한 규모의 예산과 사이버 보안 전문가들의 헌신적인 노력에도 불구하고 연평균 26.5%라는 엄청난 수준으로 취약점이 증가하고 있다. 정보 기술은 우리에게 파격적인 혜택과 파괴적 재앙의 가능성을 동시에 제공했다. 우리에게 주는 혜택이 큰 만큼, 중요 기반시설들에 대한 공격 가능성과 상업 및 공공 분야의 컴퓨팅 시스템의 손상 가능성 그리고 개인 정보의 유출 가능성을

동시에 열어 놓은 것이다.

3. 보안: 안전한 미래 사이버 공간을 위하여

옛말에 "포졸 열 명이 도둑 한 명을 잡기 힘들다"고 했다. 사이버 보안도 마찬가지다. 사이버 보안과 관련된 연구개발이 집중적으로 이루어지고 있지만, 사이버 공격과 테러가 증가하고 있는 근본적인 이유는 사이버 공간이 방어자보다 공격자에게 유리한 환경을 제공하기 때문이다. 아무리 유능한 개발자에 의해 구현된 소프트웨어라고 하더라도 다른 프로그램과의 상호운용성, 유지관리성, 진화가능성 등에 대한 방어 기술은 미리 탑재될 수 없으며, 개발자마다의 개발 습관으로 인해 모든 보안 요소가 일정한 수준으로 소프트웨어에 포함될 수는 없다. 또한 오류 수정을 위한 업데이트는 취약점을 제거하는 대신에 의도치 않은 취약점을 발생시킬 수 있다. 게다가 방어자는 시장의 논리에 따라 사용자들에게 시의적절한 서비스를 제공하기 위하여 한정된 시간 안에 소프트웨어를 개발할 수밖에 없지만, 공격자는 많은 시간을 천천히 공격에 활용할 수 있기 때문에 사이버 공간에서는 공격자가 방어자보다 항상 유리한 입지를 차지하게 된다.

이러한 비대칭적 우위를 극복하기 위해서는 차기 사이버 보안 기술 개발 시 다음과 같은 사항을 고려할 필요가 있다. 우선은 사이버 위협으로부터 시스템을 보호하는 가장 효과적인 방법은 악의적인 사이버 활동이 시스템을 손상시키기 전에 차단하는 것이다. 이를 위해서는 공격자가 목적을 달성하기 위해 적용해야 할 노력의 수준을 높이도록 수준 높은 방어 기술이 필요하다. 공격자는 공격 수행의 위험성 및 비용이 공격으로 인해 얻을 수 있는 이익보다 크다면 공격을 단념할 가능성이 높다. 이를 위해서는 공격자가 갖추어야 할 공격 자원의 종류와 수를 증가시키는 효과적이고 다양한 방어 기술과 사이버 공격을 수행한 진원지를 성공적으로 특정할 수 있는 기술이 개발되어야 한다.

그다음으로는 사실상 모든 컴퓨팅 시스템이 어떠한 형태의 악의적인 사이버 공격에 대해서도 취약하다는 것을 인정해야 한다. 이전의 수많은 제품들에 다수의 취약점이 포함되어 출고되었기 때문에, 기존 보안 기술을 공격자가 우회할 수 있는 가능성은 매우 높다. 따라서 개발 및 배포되는 제품은 근본적으로 취약점을 죄소화하여 설계되어야 한다. 또한 보안 정책을 시행하기 위한 효과적이고 효율적인 보안 제어기능을 제공하는 기술이 개발돼야 한다.

이렇게 하려면 어떤 기술들이 필요할까? 우선 사물인터넷, 자율시스템 등에 대한 강력하고 효율적인 인증기술과 정확하고 정밀한 보안 정책 시행을 위한 시스템 관리자의 접근제어 기술의 효율성이 크게 향상돼야 한다. 또한 제한적 환경에서도 원활한 암호화를 지원할 수 있는 경량 암호 기술과 장기적 비밀 보장을 위한 양자내성 암호 기술 등이 개발될 필요가 있다.

세 번째로는 가치 있는 데이터를 저장하거나 전송하는 정보 기술 시스템에 대한 사이버 공격이 꾸준히 지속될 것이라는 점을 양지할 필요가 있다. 공격자가 탐지되기 이전에 대상 네트워크에 체류하는 시간은 평균적으로 6개월이며, 미탐지된 침해 사례를 포함할 경우 이 기간은 더 늘어난다. 이를 해결하기 위해서는 정상 행위와 악성 행위를 효율적으로 구분하고 시스템과 네트워크의 보호 한계를 명확히 평가하는 기술이 개발

제4부 안전한 미래사회를 위하여

되어야 한다. 이러한 기술에는 동적인 네트워크 조건에 유연하게 대응하거나, 정상적인 시스템 상태와의 비교를 통한 실시한 변경 탐지 기술 등이 포함될 수 있다.

마지막으로 효과적인 방어를 위해 악의적인 사이버 공격 활동에 적응, 대항, 복구, 조정하는 능력이 높아져야 한다. 이를 위해서는 공격을 받은 후 이전의 정상 상태로 복구를 가능하게 하는 시스템 구성요소 측정 기술과 사이버 공격 시 공격자가 가질 수 있는 전리품은 최소화하고, 주요 기능을 유지할 수 있는 사회과학적 보안 기술도 함께 개발되어야 한다.

미래에도 사이버 공간에서 불법적인 이득을 추구하는 사람과 국가 및 기반시설들을 향한 사이버 공격자들로 인해, 컴퓨팅과 네트워크에 의해 창출되는 경제적 가치는 계속해서 훼손될 가능성이 높다. 따라서 정보 기술 시스템은 사이버 악성 행위에 취약하며, 완벽한 보안은 사실상 불가능하다는 가정 아래 사이버 보안 기술이 개발되어야 한다. 또한 보다 안전한 사이버 공간을 만들기 위해서는 사이버 공격자의 사이버 활동 비용을 높이고, 공격자에게 공격 행위가 추적된다는 경각심을 심어 줄 필요가 있다. 미래의 사이버 보안 기술이 현재의 접근 방식들에 비해 효과성과 효율성 측면에서 지속적으로 개선될 경우, 미래의 사이버 공간은 훨씬 안전해질 수 있으며, 정보 기술이 우리에게 제공하는 혜택도 훼손되지 않을 것이다.

2장

국민의 안전을 위한 재난안전 기술과 정책 방향

허종완

(인천대학교)

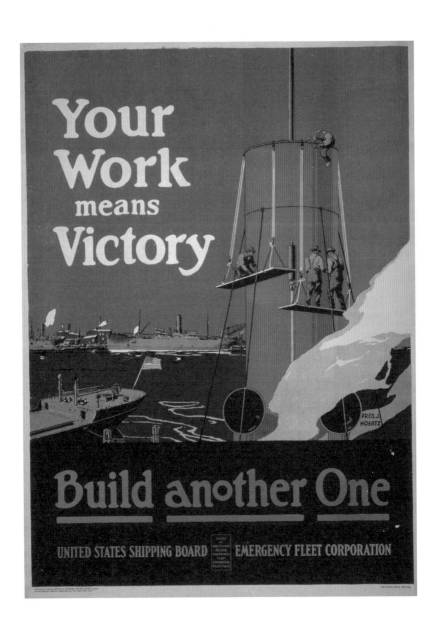

Fred J. Hoertz, 〈Your work means victory - build another one〉, 1917

1. 재난의 정의와 재난안전 기술의 의의

재난은 시대와 상황에 따라 변화하는 사회적 의미를 포함하는 불확실성이라 할 수 있다. 사전적 의미로서의 재난은 국가나 국민에게 위해(危害)를 가할 수 있는 자연현상 자체를 말하며, 재해는 재난의 결과로 인해 인명과 재산에 미치는 직·간접적 피해를 의미한다. 그래서 과거에는 태풍, 홍수, 지진과 같은 천재지변과 국가 간 전쟁 등을 통상적인 재난으로 인식했다면, 오늘날 재난의 개념은 시대와 사회적 환경변화에 따라 자연적인 위험 요인에 의해 발생하는 자연재해와 인적인 위험 요인에 의해 주로 발생하는 인적 재난으로 세분화되고, 그 범주가 확장되는 추세이다.

'재난'은 '재난 및 안전관리기본법' 제3조(정의) 제1항에서 "국민의 생명·신체·재산과 국가에 피해를 주거나 줄 수 있는 것으로서 다음 각 목의 것을 말한다"고 정의하고 있다.

첫째, 태풍·홍수·호우(豪雨)·폭풍·해일(海溢)·폭설·가뭄·지진·황사(黃砂)·조류 대발생 그 밖에 이에 준하는 자연현상으로 인하여 발생하는 재해,

둘째, 화재·붕괴·폭발·교통사고·화생방사고·환경오염사고 그
밖에 이와 유사한 사고로 대통령령이 정하는 규모 이상의 피해,
셋째, 에너지·통신·교통·금융·의료·수도 등 국가기반체계의 마
비와 전염병 확산 등으로 인한 피해이다.

이와 함께 '재난 및 안전관리 기술'은 '재난 및 안전관리기본법' 제3조
에서 명시된 자연재난, 사회재난과 함께 재난 및 안전관리를 위한 일련
의 활동과 관련된 기술을 의미한다.

전 세계적으로 기후변화로 인해 자연재난은 매년 다양한 양상을 보이
고 있으며, 경제발전에 따른 도시·산업화로 인해 직·간접적인 피해액
도 지속적으로 증가하고 있다. 우리나라 역시 울산 도시침수('16.10.), 우
면산 산사태('11.07.) 등의 사례에서 보듯이 최근 기후변화로 인해 국지성
호우와 태풍의 양상도 크게 변화하는 등 대형 자연재난 위험이 상존하고
있다. 또한 연속적인 지진, 대형화재, 감염병, 먹거리 문제 등 국민들의
일상생활에 밀접한 문제들이 국민의 건강과 안전한 삶을 위협하고 있는
실정이다.

최근 포항·경주 지진, 국지성 집중호우 등 자연재난의 위험성이 크
게 증대되고, 대형·복합·신종재난의 출현으로 국민 안전기본권 확보
를 위한 재난 및 안전관리기술의 역할에 대한 관심이 높아지고 있다.
COVID-19('19.01.), 밀양화재('18.01.), 구제역('17.02.), 중동호흡기증후군
('15.05.) 등 생활 속 위험요인에 대한 불안감 확산에 따른 국민 생활 안전
요구 또한 증가하고 있다.

2. 자연재난과 사회재난

재난은 흔히 자연재난과 사회재난으로 구분된다. '재난 및 안전관리기본법'은 자연재난을 "태풍, 홍수, 호우, 강풍, 풍랑, 해일, 대설, 한파, 낙뢰, 가뭄, 폭염, 지진, 황사, 조류 대발생, 조수, 화산활동, 소행성·유성체 등 자연우주물체의 추락·충돌, 그 밖에 이에 준하는 자연현상으로 인하여 발생하는 재해"라고 말한다. 사회재난이란 "화재·붕괴·폭발·교통사고(항공사고 및 해상사고를 포함한다)·화생방사고·환경오염사고 등으로 인하여 발생하는 대통령령으로 정하는 규모 이상의 피해"를 말한다. 나아가 에너지·통신·교통·금융·의료·수도와 같은 국가기반체계의 마비, "'감염병의 예방 및 관리에 관한 법률'에 따른 감염병 또는 '가축전염병예방법'에 따른 가축전염병의 확산" 등으로 인한 피해를 포함한다.

[그림 4-2-1] 재난·재해의 분류와 부처

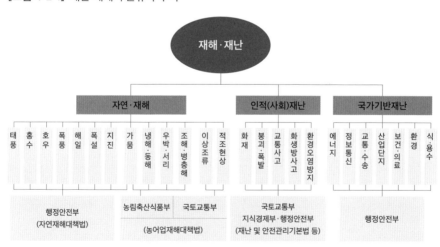

출처: https://www.donggu.go.kr/dg/kor/contents/567

3. 시설물 재난의 발생 사례

1970년대부터 집중적으로 건설된 기반시설이 노후되면서 건물·도로 붕괴 등 예측하지 못한 재난이 발생하고 있으며, 재난에 취약한 노령인구 등 재난취약계층의 증가는 재난으로부터 국민의 생명과 안전을 보호해야 하는 정부에 커다란 부담이 되고 있다. 국내 시설물 안전관리는 현재 '시설물의 안전 및 유지관리에 관한 특별법'을 통하여 관리하고 있지만, 삼풍백화점 붕괴, 사당종합체육관 붕괴, 용산구 노후건물 붕괴 등 연간 400건 정도의 시설물 붕괴 및 안전사고 등은 지속적으로 발생하고 있다.

국내 시설물 안전진단은 시설물이 현재의 사용요건을 계속 만족시키고 있는지 확인하기 위하여 면밀한 외관 조사 및 관련 장비로 필요한 측정과 시험을 실시하고 있으나, 주요 구조체의 기울기, 침하, 콘크리트 강도, 탄산화 깊이, 철근 배근 상태 등을 점검하기에는 외부 마감의 문제와 점검하고자 하는 시설물에 따라 현장 접근의 어려움이 있으며(Yoon et al., 2020), 지나치게 인력에 의존한 점검으로 인명사고 발생, 점검비용 및 점검시간이 과다하게 발생하고 있다(Lim et al., 2020). 또한, 현재의 시설물 안전점검에 관한 법적 규정은 주기적인 안전진단을 통해 시설물의 안전을 확보하고 있어, 시설물의 상시 안전성 확보의 어려움을 가지고 있다.

광주에서 발생한 철거건물 매몰사고('21.06.09.)는 관리·감독의 부실, 안전불감증, 졸속 공사, 재하도급 문제 등이 복합적으로 작용한 예견된 인재(人災)였다. 철거업체가 해체 계획상의 고층부터 철거하는 톱다운 방식을 무시한 채 저층부터 해체하였고, 철거에 따른 붕괴 가능성이 있음

[그림 4-2-2] 최근 10년간 사회재난 발생 현황 및 발생 추이

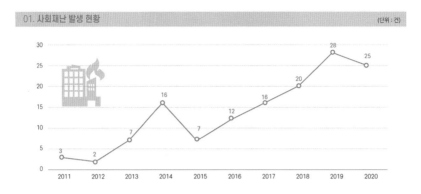

01. 사회재난 발생 현황 (단위 : 건)

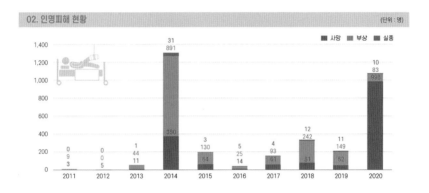

02. 인명피해 현황 (단위 : 명)

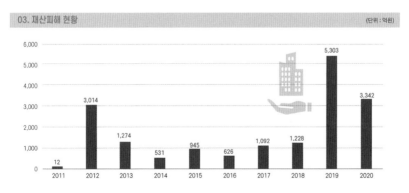

03. 재산피해 현황 (단위 : 억원)

출처: 2019년 재난연감(사회재난), 행정안전부

[그림 4-2-3]

광주 철거건물 매몰 사고   잠원동 철거건물 붕괴 사고

에도 기본적인 안전 장치조차 없었넌 것이다. 붕괴 조짐을 늦게나마 알아차린 현장 작업자들은 모두 대피했지만 인접한 도로 통제는 이뤄지지 않았다. 이를 두고 전문가들은 노후·철거건물의 붕괴 위험도를 알 수 있는 기술적 안전장치가 필요하다고 지적했다. 기술적으로 붕괴 위험은 알 수 있지만 이를 도입하도록 하는 적절한 제도가 없어 제도적, 기술적 보완이 필요하다.

또한, 2019년 7월 서울시 서초구 잠원동에서는 5층 철거건물의 외벽이 무너져 1명이 사망하고 3명이 다치는 등 4명의 인명피해가 발생했는데, 사고 주요 원인 중 하나는 건물의 하중을 지지하는 '잭서포트'가 충분히 설치되지 않았기 때문인 것으로 알려졌다.

이와 같이 시설물 붕괴 및 안전사고 등이 지속적으로 발생함에 따라 2018년 제3종 시설물의 안전관리 법제화를 시작으로 국내 시설물에 대한 모니터링 체계가 본격적으로 도입되고 있다.

4. 시설물 보호와 관련된 기술

재난 발생 시 시설물 재난관리의 목표는 인명피해를 최소화하고, 신속한 복구 활동을 통해 정지된 시설물의 기능과 재난 지역 전반의 경제·사회 활동을 재난 이전 상태로 빠르게 되돌리는 것이다. 그러나 대형 재난의 경우, 재난 피해 지역이 광범위하고 시설물 피해 양상 또한 다양하여 신속한 피해 산정과 대응·복구계획 수립에 어려움이 따른다.

컴퓨터 시뮬레이션은 재난 발생 시 시설물의 복합적인 피해에 대한 신속한 예측과 파악을 가능하게 한다. 예를 들어 시설물에서 발생할 수 있는 다양한 변형·붕괴 상황을 시뮬레이션할 수 있는 모의 거동 발생 장치가 대표적이다. 노후건축물 등의 위험시설물에 센서를 부착해 365일 상시 모니터링하고 이상 징후가 발견될 시 긴급 안전점검을 실시해 심각한 경우 시설물 내 인원을 대피시키는 방식이다. 부착 센서를 효과적으로 활용하기 위해서는 센싱 데이터를 분석하고, 시설물에 어떠한 거동이 발생하였는가를 판단할 수 있는 인공지능이 구현돼야 한다. 이를 위해서는 변형·붕괴가 발생하는 시설물에 대한 빅데이터 구축 및 딥러닝 작업이 필수적이다. 최근까지만 하더라도 변형·붕괴가 발생하는 시설물을 대상으로 방대한 센싱 데이터를 수집하는 것이 쉽지 않아 관련 연구의 추진이

잭서포트
건물 상부의 하중을 분산시키기 위한 지지대로서 붕괴 위험이 있는 건축물 철거현장의 안전을 확보하는 가설 구조물.

제3종 시설물
안전관리가 필요한 소규모시설로서 규모가 작고 10년 이상 경과된 교량, 육교, 지하차도와 연장 500m 미만의 터널 등이 대상.

활발하지 못한 상황이었지만, 경사·진동·침하 등 여러 거동을 모니터링할 수 있는 센서를 부착하고 운영함으로써 붕괴·변형이 발생하는 건물로부터 센싱 빅데이터를 수집한 것과 유사한 결과를 도출 할 수 있게 되었다.

지금까지 시설물 재난에 대한 안전을 위해 노후건물, 고층건물, 주차타워에 대한 건물의 붕괴 위험을 알리는 다양한 해법이 개발되고 있지만, 철거건물에 대한 실시간 관제 솔루션을 확보할 필요성도 대두되고 있다. 기존에는 철거가 아닌 운영되고 있는 고층건물, 노후건물에 대한 기술적 요구가 많았으나 이번 붕괴 사고로 인해 철거건물에 적용할 수 있는 기술 개발의 필요성이 강조되고 있다. 이와 더불어 최근 재난의 발생 원인부터 대응 과정에 이르기까지 예측의 곤란과 재난 발생 전의 누적성, 발생 후의 복잡성과 상호작용으로 인한 재난의 불확실성에 대응하기 위해 재난안전 위험요소 예측·영향평가 기술, 빅데이터 기반 재난안전 정보활용 기술과 재난안전 융·복합 대응 기술에 대한 필요성이 크게 증가하고 있다.

재난을 예방하고 재난에 적절히 대응하기 위해서는 위험한 기상 상황으로 발생할 수 있는 재난의 영향을 높은 정확도로 예측하는 모델과 각종 신종·복합 재난을 대비하기 위한 재난위험요소를 식별하는 시스템이 중요하다. 또한, 빅데이터 분석 방법을 통하여 위험성을 평가하고, 재난 취약 지역 모니터링과 사전 예방을 위한 자동의사결정 지원시스템을 구축할 필요가 있다.

미래예측을 위한 환경스캐닝(Horizon Scanning) 관련 기술은 주로 과학기술 분야에서 미래유망 기술과 사회적 이슈를 발굴하기 위해 개발되어 왔고 주로 영국과 미국 등의 선진국을 중심으로 꾸준히 수행되어 왔다. 국내의 환경스캐닝 관련 연구는 2011년부터 2018년도까지 총 9건의 연구 개발사업이 수행되어 왔다. 논문 실적의 관점에서는 최근 양이 증가하는 추세이지만 전 세계 관련 논문의 1%만이 발표되는 데 그치고 있다. 특히 재난 안전의 관점에서 국가적으로 위험유발요인을 파악할 수 있는 실용적인 기술이 요구되고 있지만, 현재까지 현업에서 사용 가능한 기술은 부재한 상황이다.

빅데이터 기반 재난안전 정보기술은 재난 모니터링을 강화하고 재난 안전 조기 감시와 예·경보와 밀접하게 연결돼 있다. 빅데이터를 처리하기 위해서는 기존에는 존재하지 않았던 데이터를 저장하고 처리하는 하드웨어적인 인프라 기술과 빅데이터 분석 및 분석 결과를 가시화하는 소프트웨어 기술이 필요하다. 또한, 빅데이터 인프라 기술로 대량의 데이터를 분산하여 저장하고 병렬처리가 가능한 시스템이나 NoSQL과 같은 새로운 형태의 빅데이터 처리시스템, 또는 모든 데이터를 메모리에 저장하고 빠르게 처리하는 인메모리(In Memory)와 같은 새로운 방식의 시스템이 필요하다.

재난안전 융·복합 대응 기술은 ICT, 나노기술, 가상 및 증강현실 등 4차 산업혁명 기반의 융·복합 기술을 활용한 인텔리전트 재난안전 관리시스템을 개발하고, 재난을 단계별로 체계적·효율적으로 관리할 수 있는 통합형 스마트 재난안전 관리 시스템을 개발한다. 대표적으로 IoT는 인터넷(데이터 통신)을 통하여 사물의 상태 추적 및 제어가 가능한 기술로서 그 활용 가치가 재난안전 분야에 상당히 크다고 할 수 있다. 또한 저전력 고내구성 설계를 통해 전력 공급이 원활하지 않은 정전 상황에서도 통신이 가능하기 때문에 재난 상황이 발생했을 때 필수적으로 활용될 수 있는 기술이다.

특히, IoT 기술의 가장 큰 장점은 다양한 센서를 통해 수집된 자료를 클라우드 환경에서 실시간으로 저장하고 분석함으로써 작은 이상 징후를 즉시 감지하여 빠른 대응 및 대피가 가능하다는 것이다. 미국과 일본에서는 센서 기술을 인터넷과 결합한 IoT 기술로 재난의 이상 징후를 사전에 파악하고 이를 실시간으로 감지할 수 있도록 적극 활용하고 있다. 미국에서는 Next Generation First Responder(NGRF) 프로젝트를 통해 긴급구조원의 안전, 사고현장의 생명과 재산 보호를 위해 필요한 도구를 개발하여 IoT에 기반한 첨단 보호장비와 멀티태스킹이 가능한 통신장비 개발 등을 지원하고 있다.

사실 자연재난의 발생을 정확하게 예측하는 것은 거의 불가능에 가깝다. 시설물 붕괴 등과 같은 사회재난의 발생 또한 실시간으로 변하는 주변 환경과 예측할 수 없는 인간의 행위로부터 영향을 받기 때문에 정확하게 예측하기는 사실상 불가능하다. 다만, 건축물 붕괴 사례에서 보듯이 지속되는 환경 변수를 활용하여 재난이 발생할 위험 정도를 예측하는 것은 시도해 볼 만하며, 사회재난이든 자연재난이든 활용 가능한 예측 결과를 얻기 위해서 방대한 양의 유용한 데이터가 확보되는 것이 우선이라 할 수 있다. 재난안전에도 결국은 '데이터가 핵심 자원'이라는 것이다.

5. 재난안전 기술의 적용과 보급을 위한 정부의 정책 방향

최근 재난이 대형화 및 복합화되고 도시화 증가에 따른 기반시설 밀집화로 재난으로 인한 경제적 피해가 심화되었다. 이러한 대형 복합재난은

1차, 2차, 3차 재난, 자연재난과 사회재난이 동시다발적·연쇄적으로 발생하는 경우가 많다는 것을 의미한다. 그런데 우리나라의 법 및 행정체계는 자연재난과 사회재난을 이분법적 구분하고 있어 실제 대응의 효율성이 떨어진다. 복합재난의 원인은 산업구조의 변화에 기인한 급속한 도시화의 진전으로, 생활환경 속 위협요인이 다양해지고 있기 때문이다. 또한 지구온난화에 따른 기후변화로 인하여 자연재난도 대형화·복합화되고 있다. 즉, 과거와 달리 자연재난도 도시기능 마비와 같은 복합재난으로 발전할 가능성이 크다.

이에 대한 대응방안으로 정부는 제4차 산업혁명 등으로 인한 기술의 진보에 발맞춘 재난안전 분야 과학기술 개발과 범부처 차원의 협력적 R&D를 적극 추진해야 한다. 나아가 IoT, 인공지능, 빅데이터 등 신기술을 재난안전 분야에 접목하여 재난관리에 있어서 새로운 변화와 혁신을 이루어야 한다. 특히, 범부처 연계·협력형 연구개발사업을 발굴하고, 이를 통한 사업 간의 시너지 효과 증대와 중복 투자 방지 등 투자 효율성을 근본적으로 제고할 필요가 있다.

안전은 국가가 보장해야 할 국민의 기본권에 해당하므로 재난의 피해로부터 국민의 고통을 덜어 주기 위한 서비스는 제대로 이행되어야 한다. 기술적 측면에서, 미래재난에 대한 선제적 예방을 위해서는 스마트 재난 관리 시스템, 극한 재난 발생 시 현장의 위험을 대신할 로봇 등 무인 기술 개발 등이 이루어져야 할 것이다. 산업적 측면에서 보면, 고부가가치 재난안전 안전산업을 육성하기 위한 지원확대가 필요하다. 또한 재난안전산업의 기술경쟁력 강화를 위한 실용화 지원정책이 적극 추진되어야 할 것이다.

3장

지속성장을 위한 불평등과 사회격차 해소

(산업통상자원부 R&D 전략기획단)

● ○ ●

Joseph Pennell,

〈That Liberty Shall Not Perish From the Earth Buy Liberty Bonds〉, 1918

1. 불평등과 사회격차 해소를 위한 과학기술

1) 국가의 지속성장을 위해서는 공정한 경쟁이 지속돼야

사회발전을 이끄는 근본 동력은 무엇인가? 자유는 혁신을 이끄는 가장 기본적인 힘이다. 왜냐하면 자유는 개인 창의성의 원천이며, 다양한 형태의 경쟁을 촉발함으로써 혁신을 이끌기 때문이다. 특히 시장에서의 자유로운 경쟁을 근간으로 하는 자본주의 경제체제에서 경쟁은 혁신의 근원이라고 할 수 있을 정도로 중요한 가치다. 자유롭고 공정한 경쟁이야말로 사회·경제적 정의와 혁신의 출발점인 것이다.

공정은 곧 불평등과 사회적 격차의 문제로 귀결된다. 따라서 공정한 사회와 경쟁환경의 조성이야말로 사회적 정의는 물론, 국가 혁신과 지속성장의 근간이 된다.

국가가 지속 성장하기 위해서는 되도록 많은 사람의 건전한 경쟁이 지속돼야 한다. 사회의 불평등이 너무 커지면 낙오자들은 경쟁에서 아예 배제되거나 스스로 참여를 포기하는 상황에 이르게 된다. 이 때문에 불평등이 만연한 사회나 국가는 지속적으로 생존하기 어려우며, 우리는 역사의 경험을 통해 그러한 사실을 잘 알고 있다.

2) 정의는 공정과 배려에서 출발

그렇다면 공정한 사회는 어떤 사회인가? 공정은 곧 정의로운 사회의 가장 중요한 단면이다. 아리스토텔레스는 정의를 "혜택이 마땅한 자격이 있는 사람에게 주어지는 것"이라고 규정했다. 즉 자격이 있는 사람에게 정당한 대가가 주어지는 것이 바로 정의라는 말이다.

공정은 기회의 공정, 과정의 공정, 결과의 공정이라는 세 차원에서 생각해 볼 수 있다. 가장 기본적인 공정은 기회의 공정이다. 모든 사람은 자신의 행복추구를 위해 '하고 싶은 일'이나 '갖고 싶은 물건'에 대한 접근권한, 즉 기회의 공정이 보장돼야 한다. 우리가 흔히 공채라고 부르는 채용과정은 바로 그러한 기회의 공정성을 위한 기본적인 절차다.

과정의 공정은 어떤 일을 수행하는 과정에서 옳지 못한 방법이 사용하거나 권력이나 부정한 돈이 개입되어서는 안 된다는 것이다. 예를 들어, 직원 채용을 위해 면접자나 고용자에게 뒷돈, 즉 뇌물을 제공하고 채용이 되는 경우가 뉴스에서 심심찮게 보도된다. 이는 과정의 공정을 상실한 대표적인 사례라고 할 수 있다.

이처럼 기회의 공정과 과정의 공정은 누구나 쉽게 동의할 수 있는 정의로운 사회의 기본요소다. 문제는 결과의 공정성이다. 마이클 샌델 하버드대학 교수는 『공정하다는 착각』이라는 책을 통해 이 문제를 진지하게 다루고 있다. 그는 사실 공정하게 보이는 기회의 공정이 현실적인 사회에서는 성립하기 힘들고, 그에 기인한 결과의 공정도 사실은 착각일수 있다고 주장한다. 우리는 흔히 기회와 과정이 공정하면 결과도 공정하다는 '사실'을 받아들여야 한다고 교육받는다.

그러나 마이클 샌델은 공채와 같이 겉으로 보기에 공정한 채용과정이 사실은 공정한 것이 아니라고 주장한다. 그는 원서의 제출이라는 행위는 누구에게나 열려 있는 공정한 기회를 제공하는 것이라고 생각되지만, 사실은 그렇지 않다고 말한다. 그 근거로 각자 처한 사회적 환경에 따라 정보와 동원할 수 있는 자원의 차이가 존재한다는 점을 들었다. 예를 들어 능력주의는 기회의 공정이 보장하는 사회발전을 위한 중요한 원칙처럼 보인다. 기회만 동등하게 주어지면 그 결과는 각자의 능력에 따라 정해지므로 사회는 그 결과를 받아들인다. 그것이 자격이 있는 자에게 주어지는 정의라는 것이다.

그러나 문제는 그러한 능력이 온전히 그가 이룬 것만이 아니라는 데 있다. 어떤 학생은 돈 많은 부모의 도움으로 다양한 사교육을 받아서 더욱 많은 지식을 습득하고 시험을 잘 풀 수 있는 스킬을 연마한다. 돈 없는 부모를 둔 학생은 혼자서 고군분투하면서 학습을 하지만, 시험에서는 좋은 성적을 내기 힘든 경우가 많다. 이런 경우, 온전히 능력주의를 내세워 성적에 따라, 혹은 성적에 따라 순서를 매겨 대학에 입학시키는 결과가 과연 공정한가? 마이클 샌델은 아니라고 주장한다. 즉, 그러한 결과는 결코 공정하지 않다는 것이다.

그렇다면 어떻게 해야 하는가? 우리는 시작점에서부터 차이나는 불평등을 사회적으로 고려할 필요가 있다. 예를 들어 지역균형선발 제도와 같은 입시 트랙은 이와 같은 논리가 일부 반영된 것이다. 정답은 없다. 그러나 공정이라는 키워드를 생각할 때, 우리는 기회, 과정뿐만 아니라 결과의 공정이라는 면도 반드시 기억해야 할 것이다. 정의는 공정과 배려에서 출발하기 때문이다.

20세기 초 미국의 진보주의 운동은 일찍이 사회개혁을 위한 경쟁의 중요성을 강조하면서도, 공정하고 진정한 경쟁이 사회개혁으로 이어지기 위해서는 조건의 불평등을 해소하는 것이 중요함을 설파했다. 즉, 사회가 건강하게 성장하기 위해서는 경쟁이 필요하지만, 부와 권력, 지식과 네트워크가 특정한 집단에만 몰리고 많은 사람들이 낙오자가 돼 버리면 경쟁자의 풀(pool)이 줄어들고 결국은 사회적 역동성의 저하와 퇴보로 이어진다는 생각이다. 즉, 사회적 불평등과 과도한 사회격차를 줄이지 않고는 사회와 경제의 혁신과 지속성장이 불가능하다는 논리다. 결국 특정 사회와 국가의 생존은 건전한 경쟁이 지속적으로 이루어지도록 하는 불평등의 해소와 맥이 닿아 있다는 말이다.

2. 격차 해소를 위한 과학기술의 역할

과학기술의 근본적인 목적은 인류 지식의 지평을 넓히고, 사회·경제적 혜택을 만들어 내는 데 있다. 따라서 불평등과 사회격차 해소, 삶의 질 향상에서도 과학기술이 중요하다. 우리나라의 경우 그간 경제 발전을 위한 도구로서 과학기술과 연구개발 투자를 많이 해 왔다. 예를 들어 2018년 기준 정부 R&D 투자의 경제 발전 목적 비중은 한국이 49.3%로, 미국(12.7%), 일본(33.1%), 독일(23.0%), 영국(22.3%), 프랑스(19.4%) 등 다른 선진국에 비해 매우 높았다.

현재 과학기술이 적극 개입하여 해결의 실마리를 얻어 낼 수 있는 사회적 격차에는 디지털 격차, 정보 격차, 교육 격차, 교통 격차, 건강 격차, 환경 격차 등을 들 수 있다. 이러한 문제들은 복지제도, 보조금 등 사회적 시스템을 통해 일부 해결할 수 있다. 그러나 근본적인 해결책은 결국 과학기술을 통해 얻어질 수 있다고 본다.

예를 들어 우리 사회에서 수많은 논란을 낳고 있는 교육 격차의 경우를 생각해 보자. 대도시의 과학고에 다니는 학생들은 비싼 실험도구를 사용하면서 재밌게 과학을 공부하고 그 이해도를 높인다. 하지만 소외 지역의 학교에서는 언감생심 그러한 실험은 꿈도 꿀 수도 없다. 그 정도 의 실험을 할 만한 실습비가 주어지지도 않고 고가의 실험기기를 갖추기 도 어렵기 때문이다.

이러한 문제를 어떻게 해결해야 할까? 정부 재원과 돈 많은 독지가의 시혜만 기다릴 수는 없는 노릇이다. 최근 각광받고 있는 메타버스 기술 이 이러한 교육의 격차를 해소할 수 있는 좋은 수단이 될 수 있다. 메타 버스라는 3차원의 가상공간을 통해 직접 실험을 수행하는 것과 거의 동 일한 경험을 제공할 수 있는 것이다. 메타버스 공간에서는 공간적으로 멀리 떨어져 있는 사람들과 자유롭게 토론하고 생각을 나눌 수도 있다. 아직은 메타버스 기술이 비용도 많이 들고 그 정교함에서 실제 세계를 모사하는 데 부족함이 있으나 관련 기술이 더 발전하면 정말로 직접 실 험하는 것과 같은 체험을 제공할 수 있을 것이다.

건강 격차도 고령화사회로 진입한 우리나라가 풀어야 할 절체절명의 과 제 중 하나다. 2021년 통계청이 발표한 '2020년 생명표'에 따르면 2020년 에 태어난 우리나라 사람들의 평균 기대수명은 83.5세로 OECD 32개국 가운데 2위를 차지했다. 20년 전인 2000년생과 비교하면 7.5년 더 길어 진 것이다.

문제는 건강수명이다. 기대수명이 신생아가 몇 세까지 살 수 있는지를 나타내는 나이라면, 건강수명은 기대수명에서 질병과 부상의 기간을 뺀 활동연령을 말한다. 2018년 한국건강형평성학회가 발표한 내용에 의하면 시도 중에서는 서울의 건강수명이 69.7세로 가장 높았고 경남은 64.3세 로 가장 낮았다. 양 지역의 차이는 5.3년이다.[1] 소득수준 간 건강수명 격차는 전남이 13.1년으로 가장 컸고 인천이 9.6년으로 가장 작았다. 시군구 중 건강수명이 가장 높은 지역은 경기 성남시 분당구, 가장 낮은 지역은 경남 하동군으로 각각 74.8세, 61.1세였으며, 양 지역의 차이는 13.7년이었다.

우리는 이러한 데이터에서 두 가지 사실을 확인할 수 있다. 첫째는 우리나라가 기대수명과 건강수명의 격차가 너무 크다는 것이다. 거의 15년 차이가 나지 않는가? 둘째는 지역과 소득에 따른 건강수명의 차이가 10년이 넘게 난다는 것이다.

건강한 노년은 행복한 삶의 가장 기본적인 조건이다. 올바른 나이듦은 기대수명과 건강수명이 함께 가는 '활동적인 노화'여야 한다. 오래 사는 것도 중요하지만 더 중요한 것은 '건강하게' 살아야 한다는 것이다.

무엇보다 계층·지역 간 '건강불평등'이 없어야 사회가 돼야 한다. 바로 이러한 지점에서 과학기술이 기여할 수 있다고 본다. 어느 지역에 살건, 경제적으로 풍요하지 않더라도, 국가는 바이오 과학과 메디컬 기술을 통해 행복한 삶을 위한 기본 조건인 건강을 국민들에게 제공해야 한다. 각종 건강기술과 노인들의 삶의 질 제고를 위한 고령친화기술(제론테크놀로지)가 절실하게 필요한 이유다.

현재의 정보통신기술이나 로봇기술 등을 활용하여 다양한 형태의 원거리 건강서비스가 가능해지는 것은 매우 환영할 만한 것이다. 예를 들어 휴대용 안저카메라의 경우를 보자. 안저카메라는 안저(망막 및 망막혈

---

1   이는 2010~2015년 건강보험공단 자료 2억 9500만 건과 154만 명의 사망자료, 2008~2014년 지역사회건강조사 자료 등을 분석한 결과임. 한국건강형평성학회(2018), 「17개 광역시도 및 252개 시군구별 건강불평등 현황」.

관 등)의 상태를 관찰해 안질환과 성인병 등을 조기에 진단하는 데 사용된다. 요즘은 당뇨 환자가 워낙 많고 당뇨는 미세혈관의 막힘을 가져와 망막변형 등 실명으로 이어질 수 있는 질병을 유발한다. 따라서 큰 병원에 다니기 힘든 환자들도 당뇨병 합병증 등을 조기에 진단할 수 있는 길이 열리는 것이다. 최근 각광받고 있는 웨어러블 건강점검 장치와 그것들을 활용한 신체 빅데이터 수집 및 건강관리와 같은 다양한 서비스도 연구되고 있다.

3. 과학기술을 통한 사회·경제적 문제 해결은 시대적 과제

더 나은 사회, 더 역동적인 경제를 위해 우리 사회의 불평등 문제는 해소되어야 한다. 다양한 형태의 사회 격차는 과학기술적 해법을 통해 충분히 해결될 수 있다. 특히 우리 사회가 직면한 정보 격차, 교육 격차, 의료 격차, 환경 격차와 같은 문제는 과학기술과 불가분의 관계에 있으며, 과학기술을 통해 원천적으로 해결의 실마리를 얻어 낼 수 있는 것들이다. 이들 영역은 건강한 사회의 유지와 국가의 지속성장에 직접 관련되므로 국가 생존 차원에서 정부가 더욱 큰 관심을 가지고 지원해야 할 영역들이다.

그간 우리는 쉬지 않고 줄기차게 경제적 번영을 위해 노력해 왔다. 이제 한국 사회도 불평등과 사회 격차 해소를 위한 과학기술이 절실하게 요구되는 시점이다. 과학기술 연구자들과 의사결정자들은 그러한 임무에 책임을 느끼고 진지하게 접근해야 하며, 구체적인 결과로 지속적으로 성장하는 혁신국가 건설에 기여해야 한다.

제 5 부

지속가능 미래를 위한 과학과 사회

대표집필   이 채 원(한국원자력의학원)

집필위원   김 태 희(홍익대학교)
            박 영 일(이화여자대학교)
            신 용 현((전) 한국표준과학연구원)
            이 지 혜(LG전자)
            황 인 영(에씩웨이브)

우리는 합리적 집단 이성을 근간으로 하는 사회에 살고 있다. 국민 대부분이 과학이 무엇이고 우리에게 왜 필요한지 이해하고 있으며, 어떤 기술에 어느 수준의 규제가 필요한지, 동시에 특정 연구에 예산을 얼마나 투입하면 좋을지 고민한다. 첨단기술의 가능성과 위험성을 합리적으로 평가하는 사회적 수용성도 오늘날 우리 사회를 움직이는 커다란 문화적 힘이다.

지속가능한 미래사회란 위와 같이 사회 속에 과학문화가 녹아들어 우리 삶을 지탱하고 이끄는 모습일 것이다. 이를 위해 과학과 사회의 접점을 구축하려는 노력들이 다양하게 펼쳐지고 있다. 과학과 사회의 소통은 쌍방향적인 특성과 함께 사회 맥락적인 차원에서 이루어지기 시작했으며, 사회와 환경문제 해결을 위한 과학기술계의 연대와 노력이 전지구적으로 펼쳐지고 있다.

거버넌스 차원의 노력도 주목받고 있다. 다양한 이해관계자들과 과학 이슈를 소통하고 합의점을 모색하는 것은 잠재적인 위험성으로 인식되는 과학기술의 단면들이 사회와 어우러지도록 돕는다. 과학과 사회의 유연하고 자연스러운 융합 속에서 이 모든 것들이 가능해진다.

1장

과학과 사회의 소통

이채원

(한국원자력의학원)

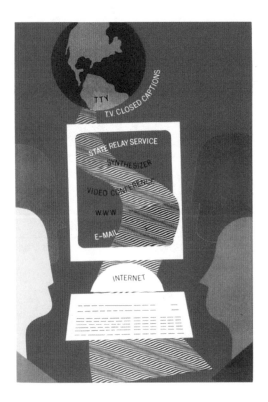

Enhancing Communication by the Year 2000
How Technology Impacts upon Deaf and Hearing Communities

Featured Speakers:

The NIH 4th Annual Deaf Awareness Day Program
Wednesday, November 6, 1996
11:30 a.m. – 1:00 p.m.
Natcher Auditorium
National Institutes of Health

Philip W. Bravin
Deaf Consultant
Former President and CEO of National Captioning Institute, Inc.
Former Chair and Current Member,
Gallaudet University
Board of Trustees

Philip Zazove, M.D.
Deaf Physician
University of Michigan,
Department of Family Practice
Author of "When the Phone Rings, My Bed Shakes"

Gallaudet University Dance Troupe will perform

Sign Language and voice interpretation will be provided.
For reasonable accommodation needs contact Kay Johnson 402-6435 (voice) TTY 402-1562

Sponsored by the National Institute on Deafness and Other Communication Disorders, National Institute on Drug Abuse, National Institute on Alcohol Abuse & Alcoholism, National Institute of Neurological Disorders and Stroke, National Institute of General Medical Sciences, National Institute of Arthritis and Musculoskeletal and Skin Diseases, National Institute of Dental Research, Fogarty International Center, Office of the Director, Warren Grant Magnuson Clinical Center, Division of Research Grants, and National Institute of Allergy and Infectious Diseases

● ○ ●

National Institutes of Health, 〈Enhancing communication by the year 2000;
how technology impacts upon deaf and hearing communities〉, 1996

과학기술과 사회

과학을 통해서 자연의
작동 원리를 이해하게
되고 과학지식이 일반
화되면서 과학은 일부
지배층의 전유물에서
사회구성원이 함께 공
유하는 가치관의 기반
으로 인식되기 시작함.
과학이 개인의 일상과
사회구조를 변화시키
면서 과학기술과 사회
의 관계와 상호작용에
대한 관심이 확대되었
고, 과학기술과 사회의
접점을 만들고자 하는
노력이 다각도로 이루
어지고 있음.

DDT

1939년 화학자 뮐러(P.
H. Müller)에 의해 곤충
에게만 강한 독성을 띠
도록 개발된 살충제.
1942년 시판 이후 지중
해 지역의 말라리아 모
기 박멸에 널리 사용되
었고, 이 지역의 관련 질
병이 현저하게 감소하
여 뮐러는 이 공로로 노
벨 생리의학상을 수상
하였다. 그러나 생명체
내에서 특정 화학물질
이 축적되어 위험한 상
태에 이를 수 있다는 사
실이 추후 밝혀졌으며,
곤충들이 점차 내성을
지니게 됨에 따라 더욱
강력한 살충제들이 개
발되어 오염이 가속화
됨(임경순, 1996).

20세기 이후 과학기술은 경제성장과 국가 발전의 주요 동력이 되어 왔다. 이뿐만이 아니다. 과학기술은 혜택을 제공하는 도구적 기능에 머무르지 않고 삶의 방식과 사회구조를 변화시키고 있다. 컴퓨터, 인터넷 등 현대사회의 신기술 개발과 상용화는 개인의 일상이나 사회구성원 간의 교류 방식에도 지대한 영향을 미쳤다. 하지만 과학기술에 대한 의존도가 높아질수록 일반 대중은 과학기술에 대한 불안 역시 가중되는 아이러니한 상황을 맞닥뜨리고 있다. 환경 문제나 식품 안전, 정보 보안 등 일상을 둘러싼 다양한 문제들에 대해서 과학기술은 해결의 실마리를 제공해 줄 것이라는 기대감을 주는 동시에 또 다른 문제를 야기할 수 있는 잠재적 위험 요인으로 인식되는 것이다.

'과학기술과 사회'에 대한 인식은 1960년대에 들어서면서 자연보호 사상, 생태주의 등 복합적 요인으로 인해 환경주의가 광범위하게 대두되면서 확대되기 시작했다. 레이첼 카슨의 『침묵의 봄』은 DDT를 비롯한 살충제의 무분별한 남용이 생태계에 미치는 악영향에 대하여 대중적인 관심을 불러왔다. 대규모의 살충제

사용이 궁극적으로 인간에게도 치명적인 영향을 미친
다는 경고가 전 사회적인 문제로 인식되기 시작하면
서 대기와 수질 오염, 야생 동식물 보호 등 다양한 분
야의 문제들이 제기되었고, 곧 대기, 수질, 자동차 배
기가스 등에 대한 환경 규제 법안의 발의로 이어졌다.
1970년대에는 CFC가 오존층을 파괴한다는 대기 화학
자들의 경고가 제기되면서 1978년 관련 규제가 마련
되기도 했다.

1. 소통의 확장과 과학 대중화

"우리는 과학기술 시대에 적합한 시민이 되기 위해 과
학을 이해하고 그 가치를 평가할 수 있어야 한다.
그러기 위해서는 모두가 일정 정도 과학에 대해 배워야
한다."

(Cohen, 1952)

과학에 대한 사회구성원들의 관심이 높아지면서 미
국과 유럽을 중심으로 정부와 과학자 사회가 주도하
는 과학 대중화(science popularization)를 위한 움직임이
일어났다. 대학 교육의 보편화로 과학자가 양산되기
시작하고 주요 정책 결정 과정에 과학지식이 요구되
는 등의 사회적 요인들도 과학과 사회의 소통 확장에

과학 대중화
1980년대 이후 서구사
회를 중심으로 과학에
대한 대중 신뢰의 위기
가 확산되면서 과학과
대중의 간극을 좁히기
위해 과학지식을 전파
하는 노력이 활발히 전
개됨. 수용자들이 과학
에 대해 이해도를 높이
면 나아가 과학에 대해
긍정적 태도를 가지게
될 것이라는 가정하에
일반 대중의 과학적 소
양(science literacy) 증진
을 위한 노력들이 펼쳐
졌으나 점차 대중의 과
학지식에 대한 '결핍 모
델(deficit model)'이라는
비판에 직면하면서 지
식전달 대신 대화와 관
여, 맥락적 이해를 강조
하는 형태로 변화.

제5부 지속가능 미래를 위한 과학과 사회

동력으로 작용했다. 1980년대에는 대중들이 과학 메시지에 관심을 가지고 그 내용을 이해하면 나아가 과학에 대한 긍정적 태도를 형성하게 될 것이라는 가정 하에 지식 전달을 통해 대중의 과학적 소양을 높이고자 하는 다양한 노력이 펼쳐졌다. 대중이 과학지식을 갖추고 있을 때 과학기술 자체에 대해 긍정적으로 평가하게 됨으로써 세금으로 과학기술 연구비를 지원하는 것에 호의적인 자세를 가질 수 있으며, 이를 바탕으로 과학기술이 더욱 발전할 수 있다는 논리도 이러한 노력을 뒷받침했다(Bauer, Durant & Evans, 1994).

대중의 과학기술 지식 함양은 결과적으로 일상생활은 물론, 공동체의 민주적 정책 결정 과정에 개인이 참여할 수 있게 만든다는 논리로 발전했다. 이는 과학지식이 민주주의의 유지 내지는 발전의 근간이 되는 시대로 변화하고 있음을 의미했다. 과거 과학자들의 활동을 지원해 주던 절대 권력이 민주화된 정부로 대체됨에 따라 과학자의 연구 활동은 개인의 영역이 아니라 사회적 기대와 가치를 아우르는 것으로 변모되었으며, 과학기술에 대한 지원은 사회적 합의를 전제로 가능한 것이 되었다.

초기의 과학 대중화 운동은 전통적인 학습 이론을 근간으로 하여 대중의 과학이해(public understanding of science)를 높이고자 하였으나 결과는 매우 제한적이었다. 일반 성인의 과학지식 증대는 뚜렷하게 나타나지

대중의 과학이해

대중의 과학이해를 증진시켜야 하는 주요 근거를 대중의 과학에 대한 반감 극복과 과학인력 확보로 상정하고 전통적 학습이론의 관점에서 펼쳐진 다양한 과학 대중화 프로그램 등을 통칭. 1985년에 영국 왕립협회 보고서 "Public Understanding of Science"는 대중적 이슈에 대한 의사결정, 일상생활 속에서의 과학적 이해의 중요성, 현대사회의 위험과 불확실성에 대한 이해, 당대의 사상과 문화로서의 과학의 성격 등도 강조함으로써 생활과 문화로서의 과학에 대한 시각을 담고자 하였음.

않았으며 과학기술에 대한 태도는 지식과 무관하게 형성되는 경향도 발견되었다. 미국에서 2년마다 실시하는 정기적인 조사에서도 미국인들의 과학에 대한 기존의 관심도, 지식, 태도의 분포는 크게 변화하지 않는 것으로 드러났다. 특히 영국은 일반 대중의 과학지식 함양이 중요하다는 전제하에 과학 대중화 운동을 적극적으로 전개하였음에도 불구하고 대중들의 과학지식은 높아지지 않는 것으로 나타났다(Miller, 2001).

2. 과학과 사회의 접점: 이해에서 관여로

지식 전달에 집중하던 과학 대중화 노력이 다양한 형태로 분화하면서 과학 커뮤니케이션 개념이 본격적으로 사용되기 시작했다. 개인들은 과학 커뮤니케이션을 통해서 과학에 대한 관심을 고취하거나 즐거움을 느끼며, 자발적으로 흥미를 느끼게 되거나 과학 이슈에 대해 태도를 형성하고 과학의 내용과 과정, 사회적 연관성에 대해 이해한다는 것이다(Burns, O'Connor & Stocklmayer, 2003). 과학 커뮤니케이션은 과학자뿐 아니라 과학기자, 과학교사, 과학과 관련된 커뮤니케이션 담당자 등 다양한 주체를 아우르며 이루어지는 것으로 이해되고 있다. 이들은 궁극적으로 범람하는 과학정보를 적절하게 가공하여 제공함으로써 일반 대중이 과학을 올바르게 인식하도록 돕는, 이른바 과학정보의 게이트키퍼로 기능하거나 과학 관련 담론에 참여하게 하는 등 과학적 사고를 공유하도록 돕는 역할을 한다.

과학 커뮤니케이션(science communication)은 과학지식을 일방적으로 전달하고자 했던 초기 과학 대중화 운동과 같은 지식 결핍 모델에서 탈피하여 대화와 관여가 중심이 된 형태로 진화하고 있으며, 이는 넓은 시각에서는 정치적 소통과도 맥락을 같이한다(Scheufele, 2014). 관여란 특정한 결과를 낳기까지의 행동과정을 일컫는다. 이를테면 평소와 다른 불편한 증상을 느끼게 되면 점술가를 찾아 건강을 되찾게 해 달라고 기원하는 대신 증상의 원인을 찾기 위해 진단검사를 받거나 진료를 받는 등 문제를 해결하기 위한 일련의 노력을 하게 되는데 이러한 과정이 바로 과학기술에 대한 관여라 볼 수 있다. 공동체의 문제를 해결하는 과정이라면 이는 정치적 소통으로 확장된다. 문제를 해결하기 위한 관여의 상황에서는 커뮤니케이션에 참여하는 대중도 과학자와 동등한 실행 주체가 된다.

특히 일련의 과학논쟁을 통해 드러난 과학지식의 불확실성은 일방적 지식의 전달을 더욱 어렵게 하는 요인으로 작용했다. 이를테면 1986년 유럽을 덮친 체르노빌의 낙진이나 2011년 후쿠시마 원전사고 이후의 수산물 방사능 오염 이슈에서 핵심이 된 저선량 방사선(low-level radiation)의 인체 영향은 확률론적이며 통계론적으로 접근 가능한 것이다. 실질적인 차원에서 미량의 방사선에 대한 위험 관련 규제와 관리 수준은 명확한 과학적 근거로 뒷받침되는 것이 아니라 합의와 의사결정의 문제라고 볼 수 있다.

과학 커뮤니케이션
과학에 대한 개인들의 반응을 만들어 내기 위한 적절한 기술이나 매체, 활동, 대화 등을 통칭. 과학과 대중의 간극을 좁힘으로써 과학기술에 얽혀 있는 일상 속에서 개인과 사회가 지속가능한 삶을 영위하도록 돕는 활동.

3. 미래를 여는 인문학적 성찰

과학은 발달할수록 수많은 사회문제에 해결의 실마리를 제공할 수 있을 것이나, 동시에 잠재적 위험을 내포한 회색지대도 넓어질 것이다. 무수한 사회적 사안에 과학기술은 이미 상당 부분 녹아들어 있으며, 이와 같은 과학 관련 이슈는 미래사회에서 광범위하게 확대 재생산될 것이기 때문이다. 위험한 수준의 재조합 유전자 실험을 금지하는 모라토리엄을 통과시킨 케임브리지 실험심사위원회(CERB: Cambridge Laboratory Experimentation Review)가 과학자들의 예상이 아닌 실제 실험을 통한 위험 평가를 제안하며 불확실성의 토대 위에서 위험을 대응하려는 일반인들의 노력을 보여 준 것처럼, 우리는 향후 강인공지능(strong AI)의 개발 여부나 수준, 초연결사회(hyper-connected Society)에서 발생할 새로운 문제들에 대해 사회적 맥락에서 위험성을 평가하고 규제 또는 해결방안을 함께 모색해야 할 수도 있다.

자연이 과거 극복해야 하는 대상에서 이제는 인류 문명의 지속을 위한 가장 근본적인 것으로 인식되듯이 과학은 인류에게 닥칠 잠재적 위험에 대한 불안을 해결하기 위해서가 아니라 위험을 함께 대응하기 위한 사회적 논의와 합의에 이르는 과정으로서 존재할 것이다. 이를 위해서는 인류의 행복에 대한 인문학적

케임브리지 실험심사위원회

1970년대 초 발견된 유전자 재조합법은 신종 박테리아 출현 등 잠재적 위험성이 제기되었고 과학자들을 중심으로 이를 통제하기 위한 연구 기준을 담은 가이드라인이 도출됨. 이 과정에서 하버드대학교에서 높은 수준의 재조합 연구시설을 구축하려는 계획이 시작되면서 이 대학이 속한 케임브리지시에서는 1976년 시민들로 이루어진 실험심사위원회가 설치되었으며 유전자재조합 실험실이 어떤 잠재적 위험이 될 것인가를 평가하는 임무를 수행함.

초연결사회

모든 사물들이 IT를 바탕으로 거미줄처럼 촘촘하게 인간과 연결됨으로써 지능화된 네트워크를 구축하여 새로운 가치의 창출이 가능해지는 사회. 만물인터넷(IoE)과 빅데이터 등의 핵심기술을 기반으로 구현되며, 소셜 네트워크 서비스(SNS)와 증강현실(AR) 같은 서비스로 이어짐.

성찰을 토대로 과학이 사회 안에서 가지는 가치와 정체성에 대한 지속적인 고민이 요구된다. '우리는 누구이며 어떻게 살아야 하는가'에 대한 근본적인 질문과 성찰을 통해 과학은 도구적 혜택을 주는 양날의 칼이 아니라 인류의 지속가능한 성장을 위한 근간으로 기능할 수 있다. 의제 설정, 상호이해, 통합 등 과학 커뮤니케이션의 다양한 기능들은 과학과 사회의 연계와 상호작용을 강화해 나갈 것이다.

2장

지속가능 미래를 위한 과학과 기술

박영일(이화여자대학교)

김태희(홍익대학교)

이지혜(LG전자)

Jakob Weidemann, 〈Flagging. Frigjørelse〉, 1946

미래지구

기후와 환경의 변화가 초래할 위험으로부터 지구를 지속가능하고 공평한 세계로 전환하기 위해 과학기술인과 사회의 다양한 이해관계자들이 함께 참여하는 세계적 연구 플랫폼이자 참여플랫폼. 국제과학연맹이사회(ICSU)와 유엔환경계획(UNEP), 유네스코(UNESCO) 등이 추진하는 국제연구프로그램.

유엔 지속가능 발전 회의

2012년 6월 20일부터 22일까지 브라질 리우데자네이루에서 열린 유엔 지속가능발전회의. 지구환경 보전 문제를 다루기 위해 1992년 6월 리우데자네이루에서 열린 리우회의(Rio Summit) 또는 지구정상회의(Earth Summit)라 불린 유엔 환경개발회의가 20년 만에 다시 개최되었다는 뜻에 붙인 이름. 이 회의에서는 '리우선언'과 '의제 21(Agenda 21)'을 채택하고 '지구온난화방지협약', '생물다양성보존협약' 등을 서명함으로써 '환경이 지탱할 수 있는 한도 내에서 지속가능한 경제개발'의 개념을 본격화하였음.

1. 지속가능 미래를 위한 전 지구적 협력

미래지구(Future Earth)는 2012년 6월 유엔 지속가능 발전 회의(리우+20)의 결의와 유엔총회의 지지 결의('12.07.27.)에 따라 주요 국제기구들의 공동 참여로 추진되는, 초학제적이고 범세계적인 노력이다. 이 미래지구의 핵심 가치는 두 가지로 요약할 수 있는데, 하나는 지구의 지속가능성이라는 인류 공통의 미래 문제 해결을 추구한다는 것과, 또 다른 하나는 이 중요한 문제 해결을 위해 인류 사회에 필요한 지식을 전 지구적 공동 협업으로 해결하겠다는 새로운 접근방식을 시도한다는 점이다. 즉 미래 사회문제-과학기술 융합-전 지구적 공동 대응이라는 삼각 대응의 모범적 사례이자, 지구적 차원의 리빙랩이라 할 것이다.

미래지구의 프레임워크는 첫째, 지구의 지속가능성 확보를 위한 제반 전환기적 조치를 강구하는 것, 둘째, 이를 통해 미래지구를 역동성 있는 행성(dynamic planet)으로 만드는 것, 셋째, 그러면서 인류 사회도 범지구적으로 함께 발전시키는 것이라 하겠다. 이를 위하여 미래지구에서는 ① 인구 추세, ② 기후와 환경 변화, ③ 식량, ④ 물, ⑤ 도시 환경과 웰빙, ⑥ 생물다양성과 생태계, ⑦ 토착 지식, ⑧ 재난, ⑨ 에너지, ⑩ 녹색 경제 등 10가지 이슈에 대한 지속적인 모니터링과 동향 분석, 그리고 영향 요인들의 상호작용을 감시하여 임계점의 판단과 경고 등에 힘쓰고 있으며, 이것이 결국은 미래지구를 역동성 있는 행성으로 만들 수 있을 것이라고 판단한다. 또한, 여기서 제기되는 이슈들은 당장의 행동 양식 변화와 적응정책을 통해 해결하는 것이 바람직하다는 인식하에서 필요한 노력을 경주하고 있다. 그러나 한편에서는 장기적 관점에서의 과학기술적 해결 방안을 모색하면서, 과학기술이 사회에 미칠지도 모를 부정적 효과에 대한 평가에도 주의를 놓지 않는다.

현재 미래지구는 미래의 지구에 대한 더 많은 이해와 전환적 행동의 경로를 광범위하게 탐색하고 있으며, 이것을 해결하는 데 결정적인 역할을 할 수 있는 핵심역량(cross-cutting capabilities)을 협력을 통해 확보해 나가고 있다. 만약 이러한 노력이 일정 성과를 거둔다면 결국은 미래의 역동적인 행성을 향한 새로운 도전 기회를 인류는 만들 수 있을 것이고, 그것이 지구와 인류의 생존과 번영을 보장해 줄 것으로 기대되고 있다. 현재 미래지구를 향한 노력은 글로벌 네트워크의 구축과 협력, 다국적 연구팀을 통한 협력연구, 국가 및

리빙랩
'살아 있는 연구실'이라는 뜻으로, 연구실 안에서만 진행하는 연구(실험)이 아닌 사용자(수요자, 시민)가 직접 참여하여 일상생활, 사회문제를 해결하려는 시도나 정책 방향.

역동성 있는 행성
미래지구의 3대 의제 중 하나로서, 지구의 미래를 바꾸기 위한 토픽을 논의하는 프로세스의 명칭. 지진 및 화산, 지구 판 구조, 빙하, 해양 등을 주 토픽으로 다루고 있음.

[그림 5-2-1] 미래 지구의 과학 프레임워크

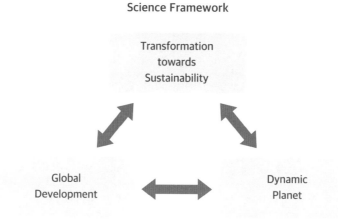

Science Framework

Transformation
towards
Sustainability

Global
Development

Dynamic
Planet

지역 차원에서의 전략적 프로그램 입안과 추진, 그리고 미래지구 관련 새로운 기초연구의 활성화 등을 통해 추진 중이며, 조만간 가시적인 성과가 기대되고 있다. 다만 최근 들어 기후와 환경의 변화가 초래할 지구적 위기 문제가 탈탄소로의 전환(carbon-free)에 집중되고 있어, 보다 커다란 프레임워크인 미래지구 문제가 전면에 부각되지 못하고 있는 실정이기도 하다. 하지만 탈탄소로의 전환은 결국 미래지구가 추구하는 역동적 행성으로의 전환 과정 중의 하나여서, 조만간 세계는 미래지구 문제 전체로 그 도전 영역을 확장할 것이 분명하다.

현재 우리나라는 이 미래지구 이슈에 과학자 중심의 위원회 수준에서 대응하고 있는바, 이에 대한 국가적인 차원에서의 거버넌스 확립과 정책 강구가 절대적으로 중요하다 하겠다.

2. 유토피아를 꿈꾸는 미래의 도시

1) 도시로 모이는 현상은 현재 진행형

우리나라 인구의 10명 중 약 9명은 도시에 살고 있다. 도시에 인구가 모이는 현상을 도시화라고 하는데 우리나라의 도시화는 90%를 넘어섰으며, 이러한 도시화 진행률은 일본이나 미국, 영국을 비롯한 선진국들보다 훨씬 높다. 우리나라보다 높은 나라는 싱가포르, 홍콩, 벨기에, 쿠웨이트, 카타르 등 몇 개국밖에 없다. 이는 세계가 놀랄 만큼의 빠른 경제성장과 좁은 국토면적, 급증하는 인구로 인해 도시화가 빠르게 진행된 결과로 나타난 것이다.

급격한 도시화 진행은 교통혼잡 등의 기반시설 부족, 주택 문제, 과밀 등 다양한 문제를 가져왔으며, 서울과 수도권으로의 인구 밀집은 국토의 불균형, 지역 간의 격차, 심리적 박탈감 등 많은 문제를 초래하고 있다. 이러한 도시화는 현재도 계속 진행되고 있다.

도시에 유입되는 인구 문제를 단순히 물리적인 기반시설을 구축하고 주택을 보급하는 등의 전통적인 방식으로 해결하는 데 한계가 있다. 또한, 다양성과 평등성이 추구되는 도시 서비스를 제공하는 데 새로운 방식이 요구되고 있다. 그래서 늘어나는 도시민을 위해 최적화된 서비스와 효율성을 제고하기 위한 방법을 찾기 위해 많은 시간 노력해 왔으며, 첨단의 과학기술을 활용하여 도시 내에 발생하는 다양하고 일상적인 문제들을 해결하려는 노력들이 시도되고 있다. 최근 이슈화되고 있는 스마트 도시(smart city)의 건설과 사회문제 해결형 과학기술의 개발도 그 노력들 중 하나로 볼 수 있을 것이다.

제5부 지속가능 미래를 위한 과학과 사회

2) 미래 도시의 모습을 상상해 보면

"미래의 우리는 어디에 어떻게 어떤 모습으로 살고 있을까?" 하는 생각을 해보면, 명확히 떠오르지는 않지만, 지금보다는 더 편리하고, 이전보다 안정된 일상을 누리게 되길 바라지 않을까 생각된다. 그러므로 미래는 자기 자신과 가족을 위한 시간과 여유를 즐기는 삶을 추구하는 현대인들을 위해 편안하고 안전하며, 안정된 삶을 누릴 수 있는 도시로 진화해 갈 것이다. 진화하는 방향은 발달하고 있는 과학기술을 어떻게 활용하고 우리 삶 안에 정착시키는 것이 아닐까 한다.

정보통신기술의 발달로 국가의 의미가 퇴색하고 도시와 비도시의 구분이 모호해지며, 어디에 사는 것 자체가 중요하지 않게 될 것이라고 주장하는 학자들이 있는 반면, 국가는 자국의 통제력을 강화해 가고, 국가 내에서는 환경 파괴를 막기 위해 도시를 중심으로 개발을 통제해 나가며, 기존에 개발된 지역의 고밀화를 주도하게 될 것이라고 주장하는 학자들이 있다. 또 미래에는 국가의 영향력보다는 도시나 지역의 영향력이 더 강해지고, 중요해질 것이라 전망하는 시각도 있다.

코로나19의 영향으로 우리는 국가 간의 이동이 통제되는 것은 물론이고, 국가 내에서도 지역 간의 이동이 통제되며 가족 간의 만남도 어려운 상황을 겪었다. 이러한 상황의 변화는 미래에 어떠한 결과로 우리에게

스마트도시
세 가지 이상의 기능 영역에 걸쳐 정보통신기술을 연계하고 통합하여 운영하는 도시. 전통적인 인프라(도로, 건물, 교통 등)를 시민들의 삶을 풍요롭게 하는 발전된 과학기술과 결합시킨 것으로서 정보통신기술을 적용하여 도시를 지능적이고 효율적으로 관리하며, 사회문제나 사고를 예측하고 예방하여 사전 대비가 가능한 시스템으로 발전시키는 개념.

다가올지 알 수 없지만, 지속적인 영향력이 예상되면서 불투명한 미래에 대한 두려움이 존재하고 있다.

3) 유토피아 건설을 위한 노력

우리가 추구하는 유토피아는 삶의 여유를 즐기며, 살기 편하고, 안전한 주거 생활이 보장되어야 할 것이다. 그리고 일자리가 풍부하고 일하고 싶은 환경이 조성되어야 할 것이며, 다른 사람들과 자유롭게 만나고, 연계가 쉬우며, 여행 또한 자유로워야 할 것이다.

최근 많은 국가에서 관심을 기울이고 있는 스마트도시의 건설로 이러한 목표에 조금은 다가설 수 있을지 모르겠다. 현재 건설 중인 스마트시티 건설의 최종목표가 시민의 일상생활을 개선하고 도시의 자원 소비량을 감소시키며, 새로운 시민과 기업을 유치하여 도시의 경제적 가치를 제공하는 것이라고 하니, 우리가 추구하는 미래의 유토피아와 유사한 것을 알 수 있다. 그리고 스마트도시의 기초가 되는 데이터들은 분석을 통해 모두가 더 나은 결정을 하고, 효율성을 높이고, 비용을 절감하고, 도시의 문제들을 효과적으로 해결하는 데 도움이 될 것으로 기대된다. 물론 개인정보 유출의 문제는 여전히 존재하지만 이에 대한 획기적인 해결책을 기대해 본다.

유토피아 건설을 위한 또 하나의 대안으로는 사회문제 해결을 위한 과학기술의 접목을 들 수 있다. 이는 도시의 다양한 문제를 해결하기 위해 첨단의 과학기술을 접목시켜 많은 사람들이 필요로 하는 편리한 기술을 일상생활에 적용하는 것이다. 이는 최첨단의 과학기술은 어렵고, 우리들의 평범한 일상과는 동떨어진 느낌의 과학기술에 대한 거리감을 극복하고, 국민 모두가 과학기술을 통해 삶의 격차를 줄였으면 하는 취지에서 시작된 것이다.

우리는 과학기술이 우리의 일상에 함께하고, 우리의 문제들을 해결하며, 편리하면서도 안전한 내일을 꿈꾸게 하는 데 큰 역할을 하게 될 것이라는 기대를 하고 있다.

3. 과학기술과 ESG

최근 기업계의 화두는 'ESG'이다. ESG는 Environment(환경), Social(사회), Governance(지배구조)를 뜻하며, 기업의 비재무적 정보에 해당한다. 과거 기업이 이윤 추구나 주주 이익 최대화를 위해 기업의 재무적 가치를 추구해 왔다면 이제는 기업의 목표가 환경, 사회 등 비재무적 가치에 초점을 맞추기 시작했다. 기업 경영에 있어 ESG를 고려하고 반영하는 것이 기업의 경쟁력과 지속가능성을 확보할 수 있다고 본 것이다.

미국 최대 자산운용사인 '블랙록'도 투자 최우선 순위를 기후변화와 지속가능성이라고 발표하는 등 많은 자본운용사가 ESG를 최우선의 투자 요소로 삼고 있다. 블랙록 CEO 래리 핑크(Lawrence D. Fink)는 "ESG 요소를 살핌으로써, 경영에 대한 필수적인 인사이트를 효과적으로 얻을 수 있다. 이를 근거로 기업의 장기 전망도 가능하다"라고 말하면서, 전통적인 투자방식에 ESG 요소를 결합한 지속가능한 투자전략을 수행하겠다고 선언했다. 그는 투자하는 기업의 CEO에게 ESG 경영을 시행하고 ESG 관련 정보를 공개할 것을 요구했고, 발전용 석탄처럼 기후변화에 악영향을 끼치는 사업에 대한 자본을 처분했다. 따라서 ESG는 '투자자 관점'에서 비롯된 것으로서, 기업에 ESG는 선택이 아니라 생존의 이슈가 되었다. 다시 말해, 투자자의 영향이 큰 기업의 입장에서는 ESG 관련 리스크 관리 및 경영 체계 변화 등 적극적으로 대응할 수밖에 없게 된 것이다.

COVID-19의 장기화로 인해 이러한 경향은 더욱 강화되었고, 세계 각국의 정부에서도 ESG 관련 규제를 신설 또는 강화하기 시작했다. EU는 2018년부터 유럽 기업에만 적용하던 NFRD(Non Financial Reporting Directive, 비재무 정보 공개지침)을 2025년부터는 모든 상장 기업으로 공개 의무 범위를 확대했다. 즉, EU 내에서 기업을 운영하거나 EU 내 기업과 거래를 하기 위해서는 기업의 ESG 정보를 공개해야 하며, 응하지 않는 경우 불리한 조치를 받을 수 있도록 한 것이다. 한국 역시 2025년부터 자산 2조 원이상의 KOSPI 상장 기업 대상으로 ESG 현황, '지속가능 경영 보고서'와 '기업 지배구조 보고서' 등을 의무적으로 공개하도록 했다.

과학기술은 기업이 ESG 경영을 함에 있어 지속가능한 성장과 환경, 사회적 책임, 투명한 지배구조를 확립하는 데 중요한 역할을 할 수 있다. 단순히 ESG 전담 조직을 만들고, 이사회 내 ESG 위원회를 만드는 것은 실질적인 해결책이 아니다. 기업 내 조직 개편과 함께 ESG의 리스크를 해결할 수 있는 과학기술을 활용하는 방안을 모색해야 한다.

일례로 글로벌 물류 기업들이 물류 배송 차량을 전기차로 교체하겠다고 발표하면서 ESG의 E(환경) 이슈에 선제적으로 대응하고 있다. 그 외 에너지 절약, 탄소 저감, 신재생에너지, 재활용 등 다양한 기술이 환경 이슈에 대한 리스크를 해결해 줄 수 있을 것이다.

두 번째 S(사회) 이슈에서는 장애인, 노약자 등 사회적 약자의 편의를 위한 기술이나, 안전·재난·재해·교통 등의 사회적 기반 구축 기술 등 다양한 사회적 문제를 해결하는 데 있어 과학기술을 활용될 수 있다.

마지막으로 G(지배구조) 이슈에서는 투명한 의사결정 체계와 정보 공개를 위한 빅데이터, IT 기술 등이 활용될 수 있을 것이다.

기업들의 ESG 경영 추구는 장기적으로 사회와 국가의 지속가능한 발전에 기여할 수 있으므로, 적극적인 실행과 구체적인 계획들이 준비되어야 한다. 과학기술은 이를 실행하기 위한 좋은 방법으로, 다양한 ESG 이슈를 해결하기 위해 관련된 과학기술을 적극적으로 활용하고 확산할 수 있도록 관심을 가지고 지원해야 할 것이다.

3장

미래사회의
과학기술 거버넌스

신용현((전) 한국표준과학연구원)

황인영(에씩웨이브)

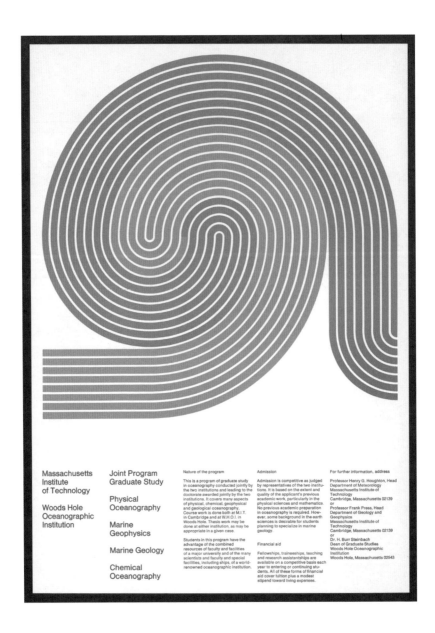

Dietmar R. Winkler,

〈Massachusetts Institute of Technology Woods Hole Oceanographic Institution〉, 1967

1. 지속가능성과 사회문제 해결을 위한 과학기술 거버넌스: 참여와 합의

우리 헌법 127조에 "국가는 과학기술의 혁신과 정보 및 인력의 개발을 통하여 국민경제의 발전에 노력하여야 한다"라는 조항이 있다. 이처럼 과학기술의 중요성은 경제발전 도구라는 관점에서 강조되어 왔다.

하지만 현대사회에서 과학기술은, 경제발전은 물론, 국방·안전·보건·의료·정보통신·환경·행정 등 국가 운영 전반에 큰 영향을 미치고 있으며, 국민의 일상생활에도 첨단 과학기술이 적용된 기기들이 사용되고 있다. 과학기술의 영향력이 커진 만큼 국민들의 관심과 과학지식 수준도 높아졌다. 지난 시절 과학기술이 전문가들의 영역이었다면, 현대사회에서의 과학기술은 모두에게 영향을 미칠 수 있고 모두가 관심을 가져야 하는 기본 소양 영역이 되고 있는 것이다. 때문에 과학기술의 발전을 위해서는 과학기술 성과를 만드는 전문인들의 활약도 중요하지만, 그 과정과 예측되는 기대 성과에 대해 사회적 공감대를 형성하는 것도 매우 중요하다.

사는 것이 어렵던 시대에는 경제 논리만으로도 신기술 개발과 적용이 환영받았던 적도 있었다. 하지만 지속가능한 발전을 위해서는, 과학기술 발전이 가져올 성과를 기대함과 동시에, 그로 인해 생길 수 있는 문제들을 미리 짚어 보고 부작용을 줄이기 위한 노력이 병행되어야 한다.

한 예로 소재나 제품의 개발·생산·소비·폐기과정이 인체나 환경에 나쁜 영향을 주지 않도록 규제가 필요하다는 데 모든 사람들이 공감한다. 하지만 이런 이유로 생긴 다양한 규제의 항목들이 타당하며 그 규제 수준이 적당한지에 대한 논란은 계속될 수밖에 없다.

기술개발이 노동 시장에 미치는 영향도 큰 고려사항이다. 4차 산업혁명 시대를 맞아 급격한 기술개발로 수많은 일자리가 없어지고 다른 종류의 다양한 일자리가 만들어질 것이라는 예측은 이미 현실화되고 있다. 자동화 기기 도입으로 수천 명이 일하던 공장을 수십 명만으로 운영할 수 있게 되고, 자율주행 기술의 발전으로 운전기사들이 일자리를 잃게 생겼다. 기술 발전 자체를 막을 수는 없지만, 일자리가 없어지는 것이 예측된다면 이에 대한 대책이 당연히 함께 준비되어야 한다. 사회적 합의를 통해 새로운 일자리를 위한 재교육 프로그램이나 기본 생활을 보장하는 사회보장제도 등이 뒷받침되지 않는다면, 기술 발전은 사회 갈등을 지속적으로 유발하는 요인이 될 수밖에 없다.

지속가능한 과학기술 발전을 위해서는 연구자들의 윤리 의식도 아주 중요한 문제이다. 생명공학 분야에서 동물 복제 연구에 대한 우려, 동물 대상 실험에 대한 우려, 유전자 조작 기술에 대한 우려 등이 자주 이슈화되고 있다. 최근에는 유전자 가위 치료의 기술 발전을 막고 있는 생명윤리법 개정 논쟁이 이어지고 있다. 드론이나 나노 로봇 등이 대량 살상 무기화되는 것에 대한 우려도 있고, 정보통신 기기를 통한 개인정보 수집과 정보 집중에 대한 우려와 함께 개인정보 보호 문제나 정보데이터 주권 문제도 큰 이슈이다.

이런 이슈들에 대해 당장은 어렵더라도 과학기술계는 사회의 다양한 구성원들의 의견을 경청하고 이들과의 소통을 통해 합의를 도출하는 노력을 해야 한다. 그래야 과학기술 분야의 투자에 대한 정당성이 생기며, 과학기술계에 대한 국민 신뢰를 바탕으로 지속적인 성장을 할 수 있다.

과학기술 발전의 부작용에 대해 국민들의 이해를 구하는 소통도 중요하지만, 더 중요한 것은 사회문제를 과학기술을 통해 국민들과 함께 풀어 나가는 것이다. 에너지 수급 문제, 미세먼지 문제, 기후변화 문제, 코로나19 팬데믹 상황 등 사회가 처한 위기를 해결할 수 있는 것은 결국 과학기술이다. 과학적이고 정확한 지식 정보를 국민들에게 제공하여 국민들의 판단을 돕고, 참여를 유도하며, 과학기술로 할 수 있는 최선의 방법론을 제시하고 실행하는 것, 그리고 국민들의 집단지성으로 얻은 아이디어를 구현해 내는 것 등 과학기술로 국민들과 소통하는 일이야말로 국가 발전과 인류 발전에 가장 잘 기여할 수 있는 방법이다.

2. 글로벌 및 로컬이 함께하는 거버넌스

넷플릭스 드라마 〈킹덤〉과 〈오징어 게임〉이 세계적인 성공을 거두었다. 그 이유 중 하나는 '조선 시대'와 '한국 고유의 놀이'가 가진 민족성과 지역성이 '좀비'와 '생존경쟁'이라는 세계적 정서와 결합해 전 세계적인 재미와 공감을 이끌어 냈기 때문이다.

18세기에 이미 괴테는 "가장 민족적인 것이 가장 세계적인 것이다"라고 했다. 세계는 몇 차례의 국제화를 포함한 '세계화'와 '지역화(현지화)'를 거치면서 진화한 '글로컬라이제이션(glocalization)'으로 안착하고 있다. 경영과 마케팅에서는 글로컬라이제이션을 '다국적 기업의 현지 토착화'라고도 해석하는데, 세계화를 추구하면서 동시에 현지 국가의 기업 풍토를 존중하는 경영방식으로 시너지 효과를 극대화하려는 전략을 의미한다. 이는 전 세계의 보편적 정서와 현지의 특수성과 필요를 결합하는 현지(지방)에 대한 깊고 새로운 이해가 필요함을 의미한다. 즉, 로컬을 글로벌로 전환시키고 다시 로컬을 결합해 글로컬로 완성하는 고도의 전략인 것이다.

과학기술 분야에서의 '글로컬라이제이션'은 지역의 과학기술 활용해 해외에 기술과 상품, 서비스를 전 세계적으로 유통시키고 이를 다시 현지 과학기술(문화)과 결합하는 것으로 볼 수 있다. 이러한 글로컬라이제이션을 할 수 있는 기업은 국제적일 수 있는 기술을 보유하되 시장에서는 지역적 특성을 살려 나갈 수 있어야 한다.

이러한 글로컬라이제이션은 기업에만 국한되지 않는다. 거버넌스 자체에도 글로벌과 지역이 함께해야 한다. 기존의 거버넌스는 '협치'라고 번역되었는데, 보통 '공공 영역과 민간 영역 행위자 사이의 네트워크 방식의 수평적인 협력구조'를 의미한다. 사회학에서 태생한 거버넌스의 개념은 역사적으로 현대사회가 복잡해지면서 정부 차원에서 해결되지 않는 공공의 문제가 많아졌기 때문이다. 사회적 영역은 크게 공공, 민간으로 나뉘는데 민주주의가 발전하면서 지역 민주주의가 발전하였고 『작은 것이 아름답다』란 책의 유행에서도 볼 수 있듯이 점점 '개인', '민간', '지방' 등이 부각되었다. 이제 지역(로컬)은 주요 행위자가 되었고 우리는 지금 아주 작거나 큰 세계가 서로 긴밀히 연결되어 있는 시대에 살고 있다. 이를 과학적인 세계에 빗대어 보자면 큰 것에 관한 힘인 '중력'과 미시적 세계의 힘인 '핵력'을 통합하려는 '통일장이론'과 '초끈이론'이 연구되고 있는 것과 상통한다.

이렇게 지방과 현지, 개인을 중요시하는 것은 오래된 속담지만 'devils are in detail'이라는 말과도 연결되어 있다. 세부적인 것의 중요성을 강조한 것으로 프랙탈 등 복잡계 이론들과 분산형 네트워크의 발전, 그리고 '중첩 시스템' 등 작은 것들의 힘과 영향력이 점점 부각되는 사회인 것이다. 세상 모든 건 결국 하나의 객체나 한 사람부터 시작되고, 로컬이었다가 글로벌화되고 이것이 다시 로컬에 흡수되어 현지화되는 것이다.

이렇게 중요한 글로컬라이제이션의 거버넌스로 '맥도널드'와 같은 경영의 성공 사례는 있지만, 과학기술정책 사례로는 찾기가 쉽지 않다. 이것이 어려운 핵심적 이유 중 하나는 '글로벌'과 '로컬' 그리고 '공공'과 '민간' 행위자들의 성격이 서로 다르고 거버넌스를 어떻게 해야 하는지 경험과 연습이 부족하기 때문이다.

다양한 행위자들이 과연 어떻게 협업과 협치를 이루어 나갈 수 있을 것인가? 크게 세 가지의 능력 개발 및 조건들이 중요하다고 보인다. 첫째는 '융합 능력(유연성, 융통성)', 둘째는 '집단지성 커뮤니케이션 능력', 셋째는 '협업 결과의 공정한 배분'이다.

첫째, 융통성 및 유연성 제고다. 분야 간 단순 결합이 아니라 같이 새로운 창조를 하듯이 혁신의 화학적 융합 능력이 필요하다. 이를 위해서는 이질적인 것들에 대한 '수용'과 끊임없는 '자기화'가 필요한데, 이는 자기 것만 주장하지 않고 겸허하게 융합의 필요성을 인정하며, 일의 결과를 불확실성에 맡기려는 도전정신과도 밀접히 관련되어 있다.

둘째, 집단지성 커뮤니케이션 능력이 필요하다. 네 가지로 나눌 수 있는 행위자인 '글로벌 공공', '글로벌 민간', '로컬 공공', '로컬 민간'은 사이즈, 자원, 행태 등 서로 다른 특성과 문화, 규범을 가진 행위자들 간 대화법을 개발해야 한다.

셋째, 협업에 따른 결과(산출)에 대한 공정한 배분과 이에 대한 합의가 필요하다. 이것이 없다면 크기 및 협상력이 약한 '로컬 공공'이나 '로컬 민간'의 참여를 얻기 어렵게 되고 진정한 글로컬라이제이션에 성공하기 어렵다.

이러한 능력을 누가 길러 나가며 미래의 협업과 협치를 이루어 나갈 수 있을까? 미래세대가 살아갈 환경에서는 모든 직업과 커리어에서 과학기술과의 협업과 협치가 필요하며 이러한 글로컬라이제이션 거버넌스가 필요한 사회문제들로 넘쳐날 것이다. 우리에게 필요한 생존기술들은 인공지능에만 맡겨 둘 수 없는, 인격이 필요한 것들이다. 그럼 앞으로 함께 협치의 세계로 뛰어들 준비운동을 해 보면 어떨까?

새로운 가치

과학기술과 사회의 건전하고 지속가능한 동반 성장은 가능한가? 이러한 물음에 답하기 위해 많은 전문가들이 오랫동안 연구와 논의를 거듭해 왔다. 그러나 정답이 무엇인지 분명하게 답변하지는 못하고 있다. 다만 과학기술과 사회가 지향하는 가치가 일치하거나 공감을 얻는다면 과학기술과 사회는 주체와 객체가 따로 없는 포괄적 성장이 가능하지 않을까 하는 기대가 크다.

국가의 존속과 국민의 안녕, 안전, 삶의 질 향상이라는 가치는 바로 과학기술과 사회의 선순환적 동반 성장을 가능케 하는 가치임이 분명하고, 따라서 국가생존기술은 미래 사회의 과학기술 중 핵심임이 분명하다. 경제성장이나 경쟁력, 효율성과 수월성 우선주의와 같은 전통적 가치, 그리고 이들 전통적 가치 구현을 지상 목표로 해 온 첨단 경쟁 원천의 과학기술 등과는 비교할 수 없는 가치를 가지고 있는 것이 바로 국가생존기술이다. 즉 국가생존기술을 과학기술의 최우선 순위, 사회와의 최접점에 두어야 할 이유가 여기에 있다.

물, 에너지, 식량, 인구, 자원, 안보, 재난이라는 7대 국가생존기술이 사회와 공감하는 가치를 보다 구체적으로 살펴본다면, ① 생명의 가치, ② 지구 보존의 가치, ③ 불평등과 불균형 해소의 가치, ④ 혁신의 가치, ⑤ 통합의 가치 등으로 결집할 수 있을 것이다. 이러한 가치들은 전 지구적 차원에서 함께 구현해야 할 가치이며, 정치, 경제, 사회구조와는 무관하게 도전해야 할 가치들이다.

　미래의 주역, 아니 이미 현재 사회의 주도세력인 MZ세대가 각자의 가치와 신념에 따라 사고하고 행동한다는 것은 이미 잘 알려져 있다. 국가생존기술이 추구하는 생명, 지구 보존, 불평등과 불균형 해소의 가치 등이 MZ세대가 옳다고 믿는 가치와 같은 궤도를 걷는다면, 국가생존기술에 대한 믿음과 지지는 미래에도 계속 확고할 것이다. 또한 사회와의 끊임없는 소통과 직접적인 참여에 의해 국가생존기술의 역할과 영향력의 범위는 더욱 커질 것이다.

　남은 과제는 협력과 협업에 의해 통합의 가치를 구현하는 것이며, 이러한 일에 국가생존기술연구회의 소명이 있다 하겠다. 그리고 국가생존기술연구회로부터 뻗어 나가는 혁신의 불꽃이 연구실과 산업 현장에서부터 사회 곳곳, 국가 전역, 그리고 글로벌 전방위로 확산되기를 기대해 본다.

박영일(이화여자대학교)

제1부 국가생존과 미래

국립기상과학원(2016), 「한반도 100년의 기후변화 보고서」.

국립기상연구소(2009), 「기후변화 이해하기 II ― 한반도 기후변화: 현재와 미래」.

기상청(2018), 「기후변화감시 종합분석보고서」.

_____(2020), 「한국 기후변화 평가보고서 요약서 2020 ― 기후변화과학적 근거」.

농촌진흥청(2008), 「기후변화: 농업부문 영향과 대응」.

통계청(2021), 「한국의 SDGs 이행보고서 2021」.

환경부 지속가능발전위원회(2019), 「2019 국가 지속가능 발전 목표(K-SDGs) 수립보고서」.

환경부(2020), 「한국 기후변화 평가보고서 2020 ― 기후변화 영향 및 적응」.

IPCC(2014), "Climate Change 2014: Synthesis Report. Contribution of Working Groups I, II and III to the Fifth Assessment Report of the Intergovernmental Panel on Climate Change."

_____(2018), "Global Warming of 1.5℃ ― Summary for Policymakers, a Technical Summary."

Steffen, Will et al(2018), *Trajectories of the Earth System in the Anthropocene*, PNAS.

World Economic Forum(2021), "The Global Risks Report 2021," 16th Edition.

지속가능 발전 포털: http://ncsd.go.kr

한국 지속가능 발전 해법 네트워크(SDSN): https://sdsnkorea.org

SDGs 한국 데이터 플랫폼: http://kostat-sdg-kor.gifthub.io/sdg-indicators/

GSDR 2019 'The Future is Now': https://sustainabledevelopment.un.org/

globalsdreport/2019

High level political forum: https://sustainabledevelopment.un.org/hlpf

IAEG-SDGs: https://unstats.un.org/sdgs

UN DESA: https://sdgs.un.org

UN MDGs: https://www.un.org/milleniumgoals/2015_MDG_Report/pdf

UN Sustainable Development Solutions Network: www.unsdnw.org

UN SDGs: https://www.un.org/sustainabledevelopment

제2부 물-에너지-식량의 넥서스

통계청(2021),「한국의 SDGs 이행보고서 2021」.

해양수산부(2021),「제3차 해양수산발전기본계획(2021-2030)」.

제3부 인구와 자원 해결은?

강승애(2019),「노인건강과 재활을 위한 디지털 실버케어」,『융합보안논문지』 19(3).

관계부처합동(2021),「희소금속 산업 발전대책 2.0(신산업, 탄소중립을 뒷받침하는 튼튼한 희소금속 공급망 구축)」.

김경수 외(2018),「우리나라 저출산의 원인과 경제적 영향」,『경제현안분석』 94.

김근령(2017),「4차산업 혁명에 따른 고령친화산업 대응 방안」.

김은영(2005),「독일의 저출산과 지속가능한 가족정책」,『FES-Information-Series』.

대한민국 정부(2020),「함께 일하고 함께 돌보는 사회」,『제4차 저출산·고령사회 기본계획 2021-2025』.

문혜선(2019),「고령사회 수요 변화에 대응하는 고령친화산업 발전 과제와 시사점」.

산업통상자원부(2020),「제3차광업기본계획 2020-2029」.

신동천(2018),「노인친화기술의 개념과 의학적 적용방안」,『한림연구보고서』 122.

워커, 브라이언, 데이비드 솔트(2015),『리질리언스 사고』, 고려대학교 오정에코리질리언스연구원 옮김, 지오북.

통계청(2019), 「2019년 장래인구특별추계를 반영한 내외국인 인구전망」.

_____(2021), 「한국의 SDGs 이행보고서 2021」.

CBD(2021), "CBD/WG2020/3/3/," The Post-2020 Global Biodiversty Framework.

Fath, B. D., C. A. Dean & H. Katzmar(2015), "Navigating the adaptive cycle: an approuch to managing the resilience of social systems," *Ecology & Society*, Vol. 20, p. 24.

Fortier, Steven M. et al(2021), "USGS 2020 critical minerals review," *Mining Engineering*, Vol. 73.

IPBES(2021), "IPBES-IPCC co-Sponsored workshop report on biodiversity and climate change."

Morens, David M., Gregory K. Folkers & Anthony S. Fauci(2004), "The Challenge of Emerging and Re-emerging infectious Diseases," *Nature*, Vol. 430, pp. 242-249.

TEEB(2010), "The Economics of Ecosystems and Biodiversity: Mainstreaming the Economics of Nature: A synthesis of the approach, conclusions and recommendations of TEEB."

Will, Steffen et al(2015), "Planetary Boundaries: Guiding human development on a changing planet," *Science*, Vol. 349, pp. 1286-1287.

국가 생물다양성 정보공유체계: www.kbr.go.kr

국립백두대간수목원: www.bdna.or.kr

국립산림과학원: www.nifos.forest.go.kr

국립생물자원관: www.nibr.go.kr

국립생태원: www.nie.re.kr

국립수목원: www.kna.go.kr

국립해양생물자원관: www.mabik.re.kr

생물다양성 및 생태계 서비스에 대한 정부 간 과학 정책 플랫폼(IPBES): www.ipbes.net

생물다양성협약(CBD): www.cbd.int

생태계 및 생물다양성의 경제학(TEEB): https://teebweb.org

세계생물다양성정보기구(GBIF): www.gbif.org

세계자연보존연맹(IUCN): https://www.iucm.org

유전자원정보관리센터(ABSCH): www.abs.go.kr

지속가능발전포털: www.ncsd.go.kr

한국지질자원연구원: http://kigam.re.kr/main

한반도의 생물다양성 2019: https://species.nibr.go.kr

제4부 안전한 미래사회를 위하여

김태윤(2004), 「국가재해재난관리체계의 구조와 기능」, 『한국방재학회』 4(2), pp.6-20.

서용석 외(2019), 「재난 예방 분야의 안전서비스 동향분석을 통한 재난 안전기술 발전 방안」, 『한국방재학회』, 19(6), pp.171-179.

Vincent, T. C. & M. Jeryl(1985), "Risk analysis and risk management: an historical perspective," *Reprinted from Risk Analysis*, Vol.5, No.2, pp. 103-120.

제5부 지속가능 미래를 위한 과학과 사회

이홍금(2014), 「미래지구(Future Earth): 전 지구 지속가능을 위한 연구 플래트폼」, 『과학과 기술』, 11월호.

임경순(1996), 「레이철 카슨의 [침묵의 봄](1962) 출현의 역사적 배경 및 그 영향」, 『의사학』, 5(2), pp.99-108.

Bauer, M., J. Durant & G. Evans(1994), "European public perceptions of science," *International Journal of Public opinion research*, Vol. 6, No. 2, pp. 163-186.

Burns, T. W., D. J. O'Connor & S. M. Stocklmayer(2003), "Science communication: a contemporary definition," *Public understanding of science*, Vol. 12, No. 2, pp. 183–202.

Future Earth(2013), "Future Earth Initial Design."

ICSU(2011), "Strategic Plan II, 2012~2017."

Miller, S.(2001), "Public understanding of science at the crossroads," *Public understanding of science*, Vol. 10, No. 1, pp. 115–120.

Scheufele, D. A.(2014), "Science communication as political communication," *Proceedings of the National Academy of Sciences*, Vol. 111, Suppl. 4, pp. 13585–13592.